JN062997

空に鳥　森にけもの　川に魚を

NPO法人丹沢自然保護協会六十一年のあゆみ

空に鳥 森にけもの 川に魚を　目次

第2章　多様性実現の保護運動　95

第3章　未来へつなぐ協働の実現　135

はじめに

丹沢自然保護協会　理事長
中村道也

大山山頂より谷間の我が家

丹沢ホーム山の会　オフクロと

現在の吊り橋になるまで丸太の一本橋だった
1950年撮影

神奈川県の西に位置する丹沢山塊の札掛に「丹沢ホーム」という山小屋がありました（昭和三十八年に民営国民宿舎に指定「序章　丹沢自然保護協会の設立」に詳細）。

都会で働く人たちが週一日の休日も確保できない時代、東京や横浜に近い丹沢は、ひと時の安息の場所として多くの登山者に親しまれました。その丹沢ホームに集まる登山者から自然発生的に「丹沢ホーム山の会」が誕生しました。代表もいない、もちろん事務局もありません。でも「私は丹沢ホーム山の会の会員です」…という方が増えてきました。戦後の混乱期が収まり、日々の生活にも多少ゆとりが出てくるようになると、丹沢を訪れる登山者は飛躍的に増えました。登山者が増えるとともに、森の中や谷にゴミやし尿の跡を多く見るようになりました。丹沢を綺麗にしたい思いから丹沢ホーム山の会は、「東丹沢の自然を守る会」と改名して発足、さらに一九六〇年、「丹沢自然保護協会」と改称されＮＧＯとして組織化されました（活動内容は年代ごとに年表を参照）。

一九七〇年代に入り自動車の普及とともに丹沢を訪れる人たちも利用者が多様化してきました。登山者の聖域のような丹沢も休日には動植物の観察や、釣り人、キャンプなどで山や川に人が溢れるようになりました。丹沢自然保護協会は、自然保護と言う考えが社会的に認知されない時代から、環境保護団体として、丹沢の自然保護に大きな関わりを持つようになりました。

丹沢自然保護協会例会 中央真ん中に中村会長　前列2人目青砥3代目会長
後列2人目は現在も協会を支える山形事務局長

唐沢峠：昭和34年6月2日「丹沢ホーム山の会」左から川上・父・花飾・林・佐伯

丹沢自然保護協会月例会・昭和43年8月25日

山の会　当初、札掛から厚木（七沢）方面に登山道を開拓　唐沢峠

大都会の夜景

丹沢は東京・横浜から五〇キロメートル圏内に位置しています。標高は一二〇〇メートル前後の山が多く、最高峰の蛭ヶ岳でも一六七〇メートル余です。面積もアルプスに比べたら比較にならないほど小さな山塊に過ぎません。しかし、森の中を歩けばさまざまな動物に出合い、渓を歩けば口をつけて飲むことができる綺麗な水が流れています。さまざまな目的で訪れる人は年間四〇万人を超えます（一九九三年　総合調査実数）。しかし、緑が豊かに見える丹沢も都市に近い宿命からさまざまな形で人間社会の影響を受けています。標高の高いブナ林は大気汚染などさまざまな要因から立枯れが進み、人工林の拡大は表土を流出させ川の水を減少させせます。そして、多くの野生動物は慢性的食糧不足にあえいでいます。人が物の豊かさだけを求めた時、自然のバランスが崩れたのです。丹沢の自然をもっと豊かにし、命溢れる森に戻したい。私たち丹沢自然保護協会の思いであり、丹沢に関心を持つ多くの市民、共通の願いです。

夜の闇の中でブナの枝越しに大都会の夜景が広がります。丹沢の熊や鹿は毎夜、それを眺めながら眠りについています。首都圏の至近にありながら野生動物が多く生息する丹沢は、神奈川の貴重な財産であると同時に、まさに現代の奇跡とも言えます。

今もこれからも、丹沢のあるべき姿を想像しながら、次のページにお入りください。

丹沢の生きものたち

丹沢では哺乳類・鳥類・魚類・両生類・爬虫類・昆虫類すべて合わせて7,860種類の生きものが確認されています。
（丹沢大山総合調査学術報告書2007
丹沢大山動植物目録より）

空っぽになれる土地

澤田康彦（編集者）

渓谷は陽が傾けば急に暗くなる。

宙に舞う虫を観察し、水流をにらみ、潜んでいる（にちがいない）イワナやヤマメのことだけをひたすら思うフライフィッシング。日ごろ街に棲息徘徊跋扈する私はあらゆる仕事・雑事で脳内がいっぱい、それらに支配、振り回されている者だが、このときだけはきれいに空っぽの容れ物になっている。空腹も忘れている。小用さえも。こんな自分がいたなんて！

携帯電話が通じない。これがこんなにうれしいことなんて！

それにしても、ひゅんひゅんと、ライン（釣り糸）を木と木の間に縫うごとく器用に投げられる私は「上達したなあ」なんて自らを褒める。

流れにちゃぷっと広がる水紋はライズリングと呼び、サカナの捕食行動。飛び始めたモンカゲロウを食べているのだろうか。以前は見向きもしなかったし判別もつかなかったカゲロウ、トビケラ、カワゲラ、ユスリカなど、彼ら水生昆虫が川の豊かさを示す重要な生き物であることを知ったのもこの釣りを覚えてからだ。

日本全国、どんな愚か者の所業か、悪者の陰謀か、岸辺がコンクリートで固められ、虫が住めなくなり、在来魚が減り、鳥が消え、用水路と化した川を憎むようになったのも。

そう、渓谷は陽が傾けばあっという間に暗くなる。夢中で進んでいるとそのことも忘れている。あたりに闇が押し寄せていたことにやっと気づく。水の音、鳥の声、風のざわめき以外は何も聞こえない渓流。人影は消えていて、私は急に私に還る。頼りない気持ちになる。ひとりぼっちの私……うっそうとした森の中でふと思う。私はなぜここに立ち、どこに行く？――

初夏の布川

いや、実はすぐそこに宿があり、同行の仲間もいるのだ。だからこれはとてもちっぽけな一瞬の孤独に過ぎぬのだが、こんな心境になることなんて日常にはない。カラダがへとへとに疲れていることをやっと知る。すごくおなかが減った感覚も。重い体を川から引き上げ、土手をぜいぜい上がると、宿の灯りが見える。さんざめく気配がうかがえる。順番にはいる熱い風呂、冷えたビール、こっそり持ち込んだ赤ワイン（こら）、ニンニクの効いた特製しょうゆだれがとびきり合うカモ焼が待っている。

丹沢、丹沢の清流・布川、丹沢ホームについて知ったのは、神田神保町の今は無きトラウトショップというフライフィッシングの専門店だ。

一九九六年夏。自分にはつい最近のことのように思えるが、計算してみるときっちり二五年、四半世紀前の話で、そんなにも時が流れていたのかと驚く。

都心から渋谷、国道二四六号線沿いの込みいったビル群を縫うように走り抜け、クルマが東名高速にはいると、この世界には空があったことを思い出す。都心近くにこんなに緑豊かな土地があったのか！「ヤビツ

美味しそうな匂いだなと、ムササビ

クッキー作り

山の恵み
木苺（上）とナメコ（下）

峠」の文字に異国情緒さえ感じつつ（なぜカタカナなんだろう?）、くねくね道を慎重に上って下って、途中対向車とすれ違ったり挨拶したり、急勾配にめげず漕ぎ続ける自転車乗りたちを尊敬したり応援したりするうちに布川に出る。橋を渡って左に折れれば目的の地。コンクリート打ちっ放し、予想外に瀟洒な建物が丹沢ホーム。お世話になります。

宿の前には、ジェリー藤尾のような風貌の（たとえ古いな）、痩せぎす、頑固そうなおじさんが立っていて、私を見てぎろっとにらんだ。宿の主人らしいけど、愛想わるいなあ……と、それが中村道也さんとの出会い。後にその彼には、山のあちこちを案内していただき、ブナを植える会に案内してもらい、天然のナメコをいただいたりする。さらには、その後生まれてくる私の二人の子どもらをとても可愛がってもらったりする。養魚場の魚はもちろん、バンビみたいな子鹿やムササビ、クワガタなど甲虫類をはじめとする昆虫たちを見せてもらい、彼の娘さんにはクッキー作りを教えていただいたりすることになるわけだが、そんな展開を出会ったときは知る由もなかった。

彼の隣にはもう一人、スタッフらしき人がいて、同じように私をじろっとにらんだ。怖いアンパンマンといった顔。それが「よっちゃん」こと新井さん。彼には後にフライのキャスティングの手ほどきを丁寧に教わり、特製毛バリをたくさんいただくことになるのだが、そんなことを知る由もなかった。

おおそれにしても、なんというわくわくの土地だろう。前述のように、水生昆虫も豊かに舞い飛び、それをねらいトラウトたちが今にも跳びかからんばかりの勢い。それでいて、私のフライにはなかなか食いつこうとしない賢さを併せ持つ。口のわるい中村さんによると「みんなサワダさんより賢いよ」とのこと（むっ）。

知らなかった知らなかった。命ある川がここにあること。この清流を生み出す山があること。すっかり心奪われた私は、以降ここに春夏秋、必ず訪れる者となった。

今は家族と京都に移り住んだ私だが、ときおりかつて同行した仲間たちと丹沢ホームの話になる。行きたいねえ、あの緑に身をゆだねたいねえ、誰もが思いを馳せているもよう。すぐにもみんなで行こうね、きっと。

夢の山だが、夢ではなく現実にあるのが幸運だ。だが、気を抜き、へたをするとすぐに消えてしまう夢でもあるはかない土地かもしれぬ。

近年一冊の古本を見つけた。中村芳男著『丹沢・山暮らし』。一九八〇年六月、どうぶつ社刊。道也さんの父上である。

作家・城山三郎氏の前文で、丹沢ホームの歴史を知る。新潟県生まれの芳男さんが丹沢に入ったのが戦後すぐの一九四七年。以降、炭焼で生計を立てはじめつつ、家族とともに戦災孤児、引揚者など行き場のない弱い立場の人たちの面倒をこの山中で見続けた人。「峠を越えてきた人は、家族と同じだ」と、多いときには七四人も預かったという。城山氏によると、芳男さんは話の途中で「孤児と言っては困ります。みんな私の子供ですから」と、真顔で言ったそうだ。

知らなかった知らなかった！

「緑のあるうちに緑を植えよう」「丹沢はみんなの山、みんなで育てよう」とシンプルで美しいセリフが並ぶ。城山氏はこう書いている。

「丹沢の土壌には、一立方米中に三千万の生物が居る、という。人間に対してはもちろん、そうした数限りない生命への奉仕のために、中村夫妻は尋常一様でない苦労に耐えながら、半生を捧げて来られた。それだけに、中村さんの自然保護運動には、いわゆる運動家たちにない重い迫力がある」

私のように気まぐれにのんきに丹沢の恵みを享受する旅人の向こうに、情熱と理性で守られてきた山の歴史がどかっと存すること。考えてみれば当たり前だが、それを絶対に忘れてはいけないと自戒する。今ここにあるこの宝物のような自然は、自然にあるものではなく、ちょっとしたことですぐに壊れ、失ってしまうものであること。人間の持続的で誠実な努力、協力なしには、ありえないものであることを思わねばならない。

その父上の精神をそのまま継がれたのが中村道也さん。戦後昭和の当時以上に、平成を経て令和へ。資本主義がおかしな形で完成し、民主主義が危機に瀕する現在、さらに戦いは厳しさを増していることだろう。定期刊行物『丹沢だより』ひとつ見ても頭が下がり、活動が続く奇跡にうち震える。

だから、彼のことを「頑固そう」とか「愛想がわるい」「口がわるい」とか言ってはバチが当たるというものであります。気をつけよう。

とは言え、ときおり中村さんから来るメールには「丹沢においでよ。クルマで東名走ったらすぐだよ」とあり、お返しに「京都にも来てくださいね」と書くと、「遠いよ、京都は」と。何なんでしょうねえ。ひょっとしてワガママか。

上：昔から伝え聞く「山笑う」の風景、新緑と青空、自然に埋もれ感じる幸せ

下：自然に身を任せ時を忘れる、フライフィッシングを楽しむ釣り人

序章　空に鳥　森にけもの　川に魚を

「あっ、シカ！」森の中からこちらを見つめるニホンジカを見つけました。それまでおしゃべりしていた子たちも一気に集中、声をひそめ「どこどこ?」。指さす先にシカの姿を見つけました。

三日間で一番記憶に残っているのは、三日目の朝の散歩の時にシカが見れたことです。森の学校ではシカの痕跡はたくさん見つけられたけど、本物のシカを見ることはあまりなくて、今までで二回しか見られなかったので、また見れてよかったです。

（二〇二〇年　中学一年）

朝のおさんぽで、川原から札掛橋までいき、札掛橋を通り過ぎて、道路に出ました。道路に出ると、急に校長先生が歩くのを止めて、上を見るとシカがいました。わたしは、びっくりして、おもわず、後ずさりしてしまいました。

（二〇一九年　小学三年）

丹沢の森にはクマタカも棲んでいる

今の日本では食物連鎖の頂点に立つ
クマタカ親子

クマタカの幼鳥が初めて翼を広げた

クマタカは翼を広げると150〜180cm
生息は自然環境の豊かさの指標と言える

山小屋になった「丹沢ホーム」

協会設立者中村芳男と妻登喜子

丹沢自然保護協会の設立者、中村芳男は、その著書『丹沢・山暮らし』の中に書きました。

戦後、ここへやって来た初めの数年は、大勢の子供らや若者共をかかえて無我夢中であったが、やがて世の中も自分らも少し落ち着いて来てから、或る機会に、空には鳥を、森には獣、川には魚を、と考える様になり、これを自分の終生の仕事、というより「大切な子孫のための生活」と考えるようになった。

「空に鳥」「森にけもの」「川に魚を」。

大勢の戦災孤児、敗戦で目的を失った失意の男、行き場のない引き上げ者、やり切れぬ人生にやけになった青年、過渡期の様々な問題になやむ娘たち、このような人々と一緒にこの山奥にすんでいるうちにでき上った「ことば」である。

遠い昔、祖母や親たちから聞かされていたあしがらやまの物語、熊や鹿を投げとばしたという金時さん、カチカチ山のウサギやタヌキ、桃太郎のイヌやサルやキジたちとともに、私の心の中で今も生きている。『遠い遠い』と思っていたおとぎ話の里にいま私が来ており、その上に座っているんだ！」と胸が湧く。

（中略）

もう幾年前だろう、かつて内山知事（岩太郎氏・元神奈川県知事　昭和二十年～四十二年）にお会いする機会があったとき、「丹沢にはお伽噺の頃の大事なワキ役が今も生きています。どうかこれらのものを保護してください。そうすることは、博物館を十つくるより大事なことだと思います」と申し上げた。

あるとき、中村は学者グループの研究のため、丹沢山の東側の堂平へ案内するという仕事を頼まれました。研究最終日の三日目、新種のダニを十種以上も見つけたという研究者たちに、中村は丹沢の自然についていろんな質問をしました。

鹿やカモシカをはじめとして、いろんな動物が沢山いる。ミミズから、そして猛禽からヤマガラ、シジュウカラのような小さな小鳥たち、さらに目に見えぬ微生物まで含めて、丹沢の生物は数に限りがありません。鹿が糞をするとき、その糞を食べに来る動物がいたり、猪や猿や狸の糞を分解する菌がいて、それに生える植物があったり、またそれを食べに来るものがいたりして、学者の話は、「山の社会は実にいろいろなものが影響し合ってできあがっている――」ということでした。

電子顕微鏡などを駆使して調べると、「丹沢山堂平の土壌一立方米中に、生物の数が三千万もいる」という話も聞いたことがあります。数えきれないほど多くの動物も昆虫も木も草も、そして目に見えぬ微生物も、互いに影響し合い、水をため、酸素をつくり、それをたくわえ、人間世界にも供給してくれているのです。

丹沢の自然を守るという大きな役割を果たす、とあらためて決意した中村は、前記の著書にこう記しました。

「巣立っていった子どもたちよ、
君らのふるさとはきっと守るよ」

しかし、現実には一九五〇年代後半から、六〇年代にかけて「四大公害病」と呼ばれるイタイイタイ病、水俣病、四日市ぜんそく、第二水俣病が発生しました。経済発展の陰で国民の健康が損なわれ、全国の有名観光地では公共事業の名の下に各地で観光開発が進められました。そこで「自然破壊を現実に止めることのできる機関」を求め、中村は、自然保護の連合体「全国自然保護連合」を発足させました。丹沢という一つの地域の自然を守ることは全国の自然を守ることにつながります（第一章　全国自然保護連合の結成に詳細）。

世界的にも有名な「尾瀬」も観光開発の波が押し寄せ、尾瀬を横断する道路開設問題は全国的な反対運動に発展しました。丹沢自然保護協会の中村は、尾瀬の道路開設反対運動でも積極的に協力をしました。反対運動の旗手、尾瀬長蔵小屋の平野長靖さんは心労から三六歳の若さで急逝しました。

尾瀬：大清水一三平峠間の登山道

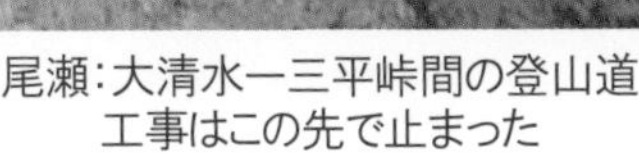

尾瀬：大清水一三平峠間の登山道
工事はこの先で止まった

長蔵小屋の前で平野紀子さんと大石長官
長官の後方は平野長英

長蔵小屋の前で、大石長官と中村
後ろは北杜夫

以下は、一九九〇年、丹沢自然保護協会会長・中村芳男の告別に寄せた平野紀子さんの弔文です。

天上で語らん

平野紀子

一九年前の十二月、寒い冷え込んだ沼田市での平野長靖の告別式で、先生は弔辞を読んで下さいました。高いお声、うったえる哀悼、うなだれた列席の人たちの嗚咽、私は半ば夢遊病者の様に、魂が宙をさまよっていました。先生の、悲しみにみちた凛凛としたお声が、遠く近く通りすぎていました。幼子は式場を駆け回わり、長靖の好きだった、フォーレの「レクイエム」が流れていました。

自然保護の運動の中で、先生は日本のリーダーでした。尾瀬の車道反対に立ち上がった長靖の、もっとも力になって下さった先生でした。若く「力」不足の悩める人間をしっかり受け止め、慈悲に溢れたリーダーシップで、長靖を支えて下さいました。闘い半ばの突然の死に、先生の驚きは如何ばかりであったかと思います。以後、ずーと、やさしいお心で、丹沢の山から尾瀬の山へ、愛の眼差しを送りつづけて下さいました。

小屋の研修旅行で、多勢でお邪魔した丹沢ホームでの楽しい一夜。今にも先生が、手をたたいて、目の前に現われそうです。銀座・京セラでの「ブナ写真展」の一日、お痩せになられ、杖をつかれたお姿が、痛々しく感じられましたが、はるばるおいでになられた熱意に、頭が下がりました。

一昨年、大分の菊屋奈良義さんが、タモリのテレビウォッチングで、「キムラグモ」の話をされるので、大急ぎで先生にお電話をかけました。「菊屋さんが出ますよ、テレビ、見て下さい」と。その時の嬉しそうな声が忘れられません。「教えてくれて、ありがとう」と云われました。先生は、北から南、多くの人たちの支えでした。そして、早すぎた天上の人長靖が、きっと今、先生を待ち受けて、かけ寄った事でしょう。

＊

一九七〇年代、全国の自然環境に止まらず生活環境まで壊されることを目の当たりにした中村は、自然保護活動を充実させ、さらに進めるためには次世代育成が不可欠と考えるようになりました。経済成長最優先の社会環境の中で人々の周辺から緑が奪われ、川は汚れ、小さな疎水も蓋に覆われ、都市から潤いが失われていった時代です。光化学スモッグ注意報が発令され、学校のグランドから生徒の姿が消えていった時代でもありました。体も心も成長過程にある子どもたちに大切なものは何か。思考する中で生まれたのが「森の学校」です。

一九七二年八月、丹沢自然保護協会の重点活動の一つと位置付け「森の学校」を開設しました（詳細は終章　子どもたちへ）。

この二〇年、「森の学校」は小学四年生から中学一年生を対象に、募集、活動しています。卒業生も多く参加し、高校生や大学生となり、スタッフとして森の学校を支えています。子どもたちだからこそ生まれる気付きや感動、相手を思いやる気持ちもたくさんあります。「沢歩き、渓畔林の学習」中村校長のお話（「丹沢だより」五八五号）

渓流沿いの広葉樹のつながりを渓畔林と言います。動物（人間も）が生きるために大切な樹林です。魚になったつもりで、鳥になったつもりで、獣になったつもりで渓畔林を歩き、渓畔林の役割を考えよう。そして、水の中で生きものを探そう。どんな生き物が、どんな役割をしているか。そこから生き物と私たち人間とのつながりも見えてきます。

森があり川があることでさまざまな生き物が生活することができます。水生昆虫を通じて丹沢の自然は辛うじて豊かさを保っていることを学びました。

「見て、触って、こねくり回して自然を知ろう」

表現は優等生ではありませんが、子どもたちが命の大切さを知るための基本です。ムカシトンボは五年から八年以上も水の中で過ごしています。オニヤンマだって三年〜四年くらいを水の中で過ごします。水の中で過ごす時間に比べ大空を飛ぶのは一瞬です。それを学習した子どもたちは、観察を終えたヤゴやサワガニ、小さなイワナなどを捕まえた場所に戻します。

丹沢自然保護協会理事長であり、「森の学校」の校長は、「夏の教室」を終えて、こう記しました。「森を守ることは小さな命を守ることです。丹沢で学んで遊んだ君たちが大人になったとき、丹沢の自然はもっと豊かになると確信します」（「丹沢だより」五八七号）

谷を見下ろすと大きな雄鹿を見つけた

森の学校開設1972年8月

森の学校 集合写真2000年8月

第1章

環境の時代をさきがける

1　自然環境と公共工事

大山パラボラアンテナ

一九七四（昭和四十九）年四月、東京電力が大山山頂に送電中継所としてパラボラアンテナ建設計画を発表しました。当時、首都圏の電力需要は年々増加し、社会的状況を背景に、東京電力は電力の安定運用を図る必要性から発電所や送電線の増設を計画、その中継基地として丹沢山系大山が最適地と判断していました。

しかし、東京電力が神奈川県に建設許可を申請したのは計画発表の前年、一九七三（昭和四十八）年十月でした。しかも十一月にはすでに知事認可が下りていたのです。国定公園内の重要な計画にもかかわらず、県の環境保全審議会には諮られていませんでした。丹沢自然保護協会は、自然公園内に設置する施設としては景観上の問題とし反対の意思表示をしました。保安林解除後の五月に着工、年内には完成予定という計画でした。

協会は東京電力に対して、自然公園としての景観上の配慮などから、大山山頂以外への建設地変更を要請しました。しかし、さまざまな条件を挙げ、「変更は不可能」という答えでした。

そこで協会は、以下のような内容をまとめ、東電には意見書、県知事と県議会議長宛に陳情書を提出しました。変更要望の要点は以下の通りです。

① 重大な景観の破壊をひきおこすこと。
② 資源の有限性を深く認識した今、電力を需要があるだけ供給しようとする姿勢は反省しなければならない。
③ 建設計画地の下は、関東大震災による破壊が著しく現場の保安林解除は、復元に重大な影響を与える。

「丹沢だより」五四号は、この意見書を掲載し、協会員に訴えました。

我々は自己中心的な反対ではなく、人類文化の明日を問うオピニオンリーダーとしての立場からの運動を志向しているのだ。

協会の陳情書を受けた神奈川県の自然保護課と上層部は、県の認可が先行してしまった事情を踏まえ、東京電力との間の折衝を進めてくれました。

今回の大きな問題点は、「今後の電力需要増加に備え、パラボラアンテナを作らざるを得ないのか」という点でした。東京電力側は、「人口増による需要増、またクーラーの普及によって昭和五十三年に電力供給がパンクする」と主張。対して協会は、「地球的規模でエネルギー節減の要請がされている今、需要減こそ目途とすべきだ」と主張しました。ただ、こうした主張が全県民にすぐに理解されることは難しいという認識もありました。そこで協会としては、パラボラアンテナ建設に伴う工事が「自然破壊、および景観破壊をできるだけ小さくするよう要求する」という結論に至ったのです。

完成した山頂パラボラアンテナを背景に飛ぶクマタカ（札掛からは丸見えのアンテナ、南側山麓部から見ることはない）

結果的に一九七三（昭和四十八）年十二月、建設に条件を付けたうえで陳情書を取り下げました。具体的には、アンテナの高さを可能な限り低くしたこと、県立ち会いのもとで関連工事のすべてについて確認するという条件でした。

また、加えてアンテナ建設後も景観が守られるよう「修景工事」も実現しました。「丹沢だより」六二二号に掲載の記事「大山山頂パラボラアンテナ始末記」では、「東電が電力供給という仕事は公益事業であって、すべてに優先してまかり通るとした考え方に一石を投じたことは評価できよう」としています。また、まとめとして次のように記しています。

「最後にこの問題の根源は人々の価値観にある。新聞ですらこの論争に『景観か公共か』というタイトルをつけた。経済的公共しか公共とせず、景観を公共となし得ないのだ。そして公害の直撃を受けたところでこそ『スモッグの下のビフテキより、青空の下のニギリメシがよい』との声もでようが、一般には『青空の下でビフテキを』の気持ちしかないのが実情であるのを認めざるを得ない。

今回我々が折れなければならなかった世情を、我々の考える価値観に向けるのには、更に強い教宣活動こそが必要なのだということを認識しよう」

高圧送電線新多摩線

電力需要増加に伴う東京電力の建設計画は、大山のパラボラアンテナだけでは終わりませんでした。一九七六（昭和五十一）年ごろ、丹沢付近では、新秦野線、新厚木線、新多摩線という三つの送電線ルートが計画されていました。いずれも、送電線鉄塔の平均高さは七〇メートルという巨大なものです。

このうち、新秦野線、新厚木線については、ルートや鉄塔の塗り色などに十分配慮するという約束で、すでに着工されていました。しかし、新多摩線については、国定公園内特別地域を通るため、東京電力に新たなルートを計画し検討するよう白紙撤回を求めました。

ことに新多摩線は鉄塔高九〇メートルを越えるものも計画されていました。さらに計画では、丹沢国定公園内に四十数基も立つことになるのです。東京電力は、新多摩線のルートを一部「布川〜藤熊川〜二ノ塔」に変えて建設計画を進めていることが分かりました。

そこで丹沢自然保護協会は、一九七七（昭和五十二）年二月一日、「新多摩線建設に反対する声明」を東京電力と神奈川県に提出しました。

反対の理由として以下の二点を挙げました。

①　自然公園の重大な構成要素である景観を著しく破壊すること。

「景観保全に十分な配慮をする」という約束で建設したはずの新厚木、新秦野両送電線は期待通りではありませんでした。また、現在予定している「布川～藤熊川～二ノ塔」ルートでは、丹沢で最も訪れる人の多い表尾根ルートからちょうど送電線が丸見えになってしまいます。

②　送電線が必要だという根拠が薄弱である。

東京電力は、「将来の需要を予測した時に必要」というのですが、「将来の需要」をどのような条件で考えているのか分かりません。現在の伸びから推定して必要というのは、乱暴な考え方です。

この新多摩線建設の問題は、神奈川県の自然環境保全審議会で話し合いが進められ、東京電力とも時間をかけて折衝しました。県側は、決着をはかろうとして「唐沢川迂回案」を提案してきましたが、景観上の問題を解決するものではありませんでした。

「丹沢だより」八九号には、「新多摩線建設に反対しましょう」と題した論説が掲載されています。

「もうこれ以上、山の中に送電線を引き込むのはごめんです」

「行政の見通しのなさや決断力の不足が一時は県の看板だった『自然保護』の唯一の基盤である自然を破壊しています」

「どうしても電力が足りないからと強力な力で自然をこわし、電源開発を進める前に、なぜもっと電気を節約しようと呼びかけたり、農業を大事にしようという発想が生まれてこないのでしょうか」

「送電線自体の安全性の問題があります」

県の自然保護への姿勢に対しても「今までの感触とは違うものを感じます」と、不信感をあらわにしています。

「丹沢だより」九一号では、中村芳男会長も強い怒りを記しています。

「何とかして『許可出来る方向へ持っていこう』とするように見える県行政機構はもう自然保護行政のなんたるやを忘れてしまったのだろうか、といううたがいをもつ」

「高圧送電線は国定公園設定の趣意に反する理由を充分述べて、不許可、及全差し戻しにするよう努める」

その後も、丹沢自然保護協会は粘り強く反対運動を続けました。

一九七八（昭和五十三）年二月十七日、神奈川県は丹沢を貫く新多摩線のルートを決断。二月二十五日、協会代表が県庁知事室を訪れ、県に対して抗議文を提出しました。しかし、六月には東京電力が行った環境影響調査の結果を県が承認、秋には着工が決定しました。

この無念の決定に、「丹沢だより」一一七号では、「新多摩線に切り裂かれる」と題した文章が掲載されました。

「ついに東京電力の超高圧送電線・新多摩線は、丹沢の自然を守ろうという人々の願いを押し切って着工される運びとなりました」

「平均塔高八〇メートルというのは今まで妥協とはいえ努力し続けた我々の苦労を水の泡にするようなものだと思います。今後はこの憤りを胸に私たちの運動をもっと層が厚くなる方向に新たな努力を始め、再びこのような問題が起きたとき、別の対処が出来るようにしたいものです」。

ただし、協会との話し合いによって、東京電力も以下のような配慮を行いました。

・より直線に近いルートを採り、国定公園内通過距離は一五キロメートルから一四キロメートルに短縮する。
・鉄塔の数は当初予定の三五基から三一基に削減する。
・資材運搬はヘリコプターを使用し、鉄塔建設のための新たな道路開設、樹木伐採を極力避ける。
・極力尾根を通さず、谷間に隠れ、丹沢の表側から見えないように設計する。

当時を知る現中村道也理事長は、「協会の働きかけに東電もまじめに対応してくれ、計画は変更されました。当時の担当部長が『こんなに時間が掛かるなら、もっと早くから話し合いをすれば良かった』と言っていたのが印象に残っています」と、当時を振り返りました。

一九八〇（昭和五十五）年十二月十九日、新多摩線の送電が開始されました。

一九九〇（平成二）年、丹沢自然保護協会会長、中村芳男逝去に伴い、送電線建設当時に折衝を繰り返していた木村善兵衛氏から追悼文が寄せられました。一部を省略し、文言は修訂正をせずに掲載させていただきます。

丹沢を貫く送電線鉄塔

追悼文

〈…前略〉

日本経済の成長と国民生活の向上と発展のために不可欠な設備であるとして、電力業界では各所で発電所や変電所を建設し、それに伴う送電線などの計画も積極的に推進いたしておりました。だが電力の需要は年々増大し、その中でも特に神奈川県の西部地域及び沼津方面の旺盛な需要に対応するため、同方面へどうしても新しい送電線を計画せざるを得ないという東京電力といたしましては極めて切迫した状況にあったのであります。

とは言いましても、当時全国的に自然保護運動の先頭に立たれ、常に手弁当持参で各地の運動のご指導に情熱を燃やしておられました、丹沢自然保護協会の中村会長さんに、ことの計画をどのようにご説明申しあげ、送電線の建設に対する必要性にご理解を得るか、ということで、東京電力として各首脳が再三協議し慎重な対応を検討した結果、中村先生のご多忙なスケジュールの中から、送電線の建設を担当する私共との「運命の日」が予定されたのであります。

〈神の救い〉

その日は一同、朝から緊張し、現地の事務所を出発いたしましたが、当然丹沢ホームに向う車の中は重い雰囲気で誰も多くを語ろうとしませんでした。

相反する立場にあり、自ずから結論に近いものは予測しておりましたが、私共が丹沢ホームに到着いたしますと、招かざる者の来訪というのに、お迎え下さった奥様始めお孫さんも含めたご家族の皆様の限りなく明るく、印象に残るお迎えを受け、一同深く感銘を受けたのであります。

奥様に丁寧に部屋にご案内され、一同が席に着くや同時に先生が部屋にお見えになられましたが、この方が全国自然保護運動のリーダーとして、各地でご活躍されていらっしゃる「中村芳男先生？」と疑うほどに穏やかに優しい目差しと仕草で応対され、私共の不安と、どうなることかという危惧の念がひと時ではありましたが拭い去られ、まさに神に教われたような空気に包まれたのでした。これが、丹沢ホームの「来るものは拒まず」の思想であることが現在になり理解出来てきたのであります。

先生に一通りのご挨拶を済ませ、私共の一方的な計画の説明を申しあげたのでありますが、今迄の仕草とは裏腹に中村先生のご主張されましたお言葉には「空は青く、山には緑が、又、川は飽迄も清く流れる」この環境を守る…こよなく自然を愛し、この世の生あるものの命の尊さ、大切さを守る…という先生の自然保護の基本的なお話しを拝聴いたし、経済の発展・国民生活の向上のために不可欠な送電線の計画であるという私共の訴えも戸惑い、鈍り、大きく揺らいだのであります。

中村先生が命とも宝とも愛された、丹沢に送電線を通そうという私共の計画も、神奈川県自然環境保全審議会の席上にて慎重に審議する結果となり、数年の年月を経て、昭和五十六年の暮に無事完成させて頂くことが出来たのです。

〈神奈川方式の採用〉

平成二年の夏は連日猛暑が続き、各電力会社の関係者は毎日緊張の連続でした。特に東京電力管内では首都圏を始め管内全域で、電力の需要は日に日に増大し、連日の異常気温の上昇と共に、電力の最大ピークは何度か記録を塗り変える程厳しかったのでした。前記いたしました神奈川県の西部地域及び沼津方面も同様でした。この危機を救ってくれたのが、丹沢の山中に建設させて頂きました新多摩線だったのです。この送電線の立派な働きにより、同方面への停電などによるご迷惑や、又大きな社会問題等起こさずに危機を乗り切ることが出来たのです。

ここでこの貴重な誌面と機会を利用させて頂き、他事乍ら会員の皆様にご報告申しあげると同時に感謝申しあげ「ホッ」としているのが実情でございます。

ご承知のように、現在も各地で送電線の工事が計画されておりますが、只今では中村先生を始め丹沢自然保護協会の各先生方のご指導賜わりました「神奈川方式」（景観・植生・動植物の保護及び鉄塔ならびに電線・碍子等の周囲の環境にマッチした融和色の採用等）が各計画の段階より積極的に導入され実現されていることも重ねてご報告申しあげます。これを証明するものとして、その後（平成元年六月）神奈川県内で計画いたし、県のご指導により環境アセスメントを適用し、建設いたしました送電線の工事では、神奈川県より立派な感謝状も頂戴出来たのであります。本当にありがとうございました。

〈先生とのお別れ〉

平成二年九月二十日（快晴）

昨夜までの雨を伴った悪天候も早朝にはすっかり上り、秦野の会場に向う車窓の中から、珍しく晴れ上った大山の山頂が会場に入るまで望むことが出来ました。私には丹沢の山並と、和やかな中村先生の面影が交互に脳裏を走り、偉大な故人を忍びつつお別れの会場に案内されましたが、あの会場の素敵な雰囲気に再び感激を新たにいたしました。…中略…

最後になりましたが、中村先生と常に苦楽を共にされ、お互いに杖になり柱となって社会にご奉仕されて来られました奥様におかれましては、私共の想像以上にお力落しのことと思われますが、立派に家業と先生の業績を受け継がれておられます道也様ご夫婦を始め素晴らしいご家族に恵まれましたホームでのご生活、十分お体ご自愛下されましてお暮らし下さいますよう祈念いたしまして、私の中村先生とのお別れの文とさせて頂きます。

（岳南建設　木村善兵衛）

東京電力福島第一原子力発電所の爆発事故以後

二〇一一（平成二十三）年、東北の震災と津波により福島の原子力発電所が爆発し周辺地域はすべて放射能により汚染されました。さらに日本地図に、人間が住むことのできない立ち入ることもできない空白域が生まれました。東電か国かと言った責任所在の追及の前に、私たちが決して忘れてはいけない出来事です。

原発事故から数年経ったある日、中村は、山好きな顔見知りと世間話をしていました。話題は「大山北尾根登山コース」です。北尾根コースは送電線の下を通ります、その方の仕事は電力関係でもあり、話題は自然に送電線の話になりました。

「そう言えば、ついこの間まで時々見ていた送電線点検のゴンドラを見なくなったな。あのゴンドラ、一度は乗ってみたいな～。…最近は鉄塔の点検も見ないし」…と言うと、その方は「この送電線、福島からだから…止まっている（送電のことか）から…」と言われました。それが事実かどうか調べる術はありませんが、言われてみれば、ゴンドラを見ない、点検のヘリコプターを見ない、鉄塔管理の作業員の姿も見ない。

点検しない理由として至極明快でした。

新多摩線は、私ども協会は東京電力、神奈川県などと、長い時間を掛けて建設のための検討を重ねて出した妥協の結論でした。しかし、今ふりかえった時、反対する私たちはもちろんですが、折衝する東電も何人の方がその事実を知っていたのでしょう。

原発を造ることはできても制御できないことを私たちは学びました。しかし、その反省がないままに、再び根拠なき安全神話で原発の再稼働が進められます。

四五年前の送電線建設反対運動を振り返り、原発事故は改めて電力消費はもちろんのこと、物質的豊かさを享受する人間の生活の在りようが問われています。

唐沢林道

札掛～煤ケ谷間の県道が宮ケ瀬ダムによって水没するため、一九六九（昭和四十四）年に代替え道路という位置づけで、札掛と煤ケ谷を結ぶ唐沢林道建設が開始されました。

建設開始から五年後の一九七四（昭和四十九）年、東京農大自然保護研究会から丹沢自然保護協会へ意見文が送られてきました。東京農大自然保護研究会では、一九七三（昭和四十八）年一月三十日付で神奈川県に対し、野生動物の生息環境を貫通する唐沢林道建設の再検討を求めていました。それに対して、丹沢自然保護協会は、「村の人の意見も掲載し、誌上討論の形で我々の運動の基本的なあり方を考えようではありませんか」と応えています。これに呼応する形で「丹沢だより」五七号には、清川村在住の井上博司さんの意見を掲載しています。「唐沢地区がカモシカの生息地、シカ及びカモシカの保護ということから、唐沢林道工事が四十八年度はストップされました。下記数項目の私の意見をご参照のうえ、ぜひ林道の続行と完成にご協力くださるよう、お願いする次第です。

① これまでも林道は建設されているが、動物にはまったく変化はない。
② 造林・保安林事業、運搬搬出事業、開発緑化保全、水源、その他多くの工事、産業に欠かせない。
③ 人類を含む動植物の保護と、生活になくてはならない唐沢地区は四方山に囲まれて不便極まりなく、緊急のためになくてはならないのが林道である（以下略）。

そこで、丹沢自然保護協会は神奈川県に対し、自然に与える被害を最小限にするための努力として、以下の要望を提出しました。その要望を踏まえ、神奈川県が林道建設の条件を提示してきました。（以下、抜粋）

① 土砂はその場（渓谷など）へ捨てない。
② 大切な自然物（動物、樹林）のあるところは避けたりトンネルにしたりする。
③ 建設場所はあらかじめ関係者一同が視察し、討議し、「支障なし」と判断したのちでなければ着工しない。

そのほか数項目が挙げられており、丹沢自然保護協会としては、これに合意しました。これ以降、神奈川県では、林道をつくるにあたって、「県、市町村、森林組合、自然保護団体が話し合って決める」というルールができました。これは全国に先駆ける画期的な成果でした。

一九八九（平成元）年三月二十五日、唐沢林道完成祝賀会が清川村役場で開催されました。中村道也は清川村の住民という立場もありますが、肩書のない住民は出席していません。林道開設に条件的施工を要望した自然保護団

開設当初の唐沢林道。切土は協会意見を取り入れ、当面、崩落の危険性のない法面は自然植生の回復に期待し、当時の緑化手法である外来種の吹き付け施工は中止した

体として声を掛けられたのか、県も嫌味だな〜と思いつつ、なんとなく居心地の悪いパーティーでした。「協会には会長や副会長もいるだろうに」と思いながら、これも関わりのある人間の義務、貧乏くじと諦めました。乾杯が終わり顔見知りの出席者と談笑していると、会場の中央にいる林務課長を務めていた込山さんに声を掛けられました。元々地声の大きな人が会場中央から中村に呼び掛けるのです。みんなが一斉に振り向きました。

「いや〜！　よく来てくれた。協会さんは来んと思ってた」…って、声を掛けられたら来ない訳に行きません。ところが「いや〜嬉しい、アンタが来てくれて余計うれしい」と両手で中村の手を握ります。

そのうちに「アンタのお父さんはホントに偉かった。この道（唐沢林道）もそうだが、「木を切るな」と言われた時は正直むかっ腹がたった（協会は神奈川県に対し、森林行政の皆伐手法見直しと、県有林の独立採算制度を一般会計への移行を要望し、県に受け入れられた）。素人がナニ言ってんだ…略…県有林は一〇〇年持つ…略…若い職員には自然保護が何を言おうが、お前たちの将来は保証する…と言ってたもんだが、一〇年経ったら切る木がなくなっちまった。いや～ホントにアンタのお父さんは偉い！」と。

儀礼的パフォーマンスと言う人もいましたが、あれだけ大勢の人の前で、トイレに入っている人にも聞こえるような大声です。パフォーマンス結構…と思う嬉しい挨拶でした。「丹沢だより掲載文より」

話は少し戻りますが、唐沢林道の工事現場に雑木がたくさん切り出されたと聞き、薪にするために中村は二トントラックで貰いに行きました。神奈川県と丹沢自然保護協会との調整以降、沢への土砂の投げ捨ては見られません。道路の横にある小さな土砂も、スコップで道の中央に集めダンプに積んでいました。

「そのくらい土手に捨てちゃえばいいのに」と言ったら、たまたま近くにいた林務課の職員が「ちょっとちょっと」と中村を呼びます。そして、小声で「スコップ一杯なら…と言えばネコ（一輪車のこと）一杯捨てます。ネコ一杯ならと言えば小型ダンプ一杯捨てます。スコップ一杯もダメと言って丁度いいのです。それにこの話は先生（中村の父）の提案ですよ」と逆に説教されました。「丹沢だより掲載文より」

神奈川県の林道工事ではスコップ一杯の土砂も谷に落とさないという時代、日本全国の林道工事では公共事業を錦の御旗に周辺環境無視の工事が大手を振っていました。

都有林の皆伐

富士スバルライン

秩父の皆伐。後にカラマツの単一林に姿を変えた

工事の残土は谷へ（大山国立公園）

南アルプス：スーパー林道。工事の土砂はそのままブルドーザーによって谷へ落とされた。在来種のイワナは姿を消した

全国各地で環境無視の林道工事が…

水無堀山林道計画

大倉尾根登山道にトンネルを掘削する水無堀山林道が計画され工事が始まりました。林道開設に対し丹沢ブナ党他いくつかの市民団体が反対運動を展開していました。子どもの頃から山の中で生活し、林業を見て育った中村は、計画路線は標高も低く林業地であり、道路の尾根越え計画もありません。衰退している林業といえ作業の労力軽減や搬出の効率化に最低限の林道整備は必要と思い、反対運動に参加はしませんでした。

しかし、工事現場周辺でクマタカを目撃したという情報が入りました。その頃、国も林業や治山施業にあたり貴重種、危惧種には特別な配慮が必要という方針を打ち出していました。神奈川県林務課から丹沢自然保護協会でクマタカの調査をして欲しいと相談がありました。

「貴重種や危惧種を守ることは、生息環境を守ることになりますよ…略…餌場の一つなら兎に角、営巣範囲の場合は林道工事の撤退も範疇になります」と伝えました。林務課はその場合は仕方ないとの答えでした。ただし協会には反対運動に積極的に参加する会員も多く、調査の結果次第では工事の中止はもちろんですが、継続を認めることにも繋がります。調査委託受諾はかなり悩みました。

そこで丹沢自然保護協会役員でもある日本野鳥の会の浜口哲一に調査を依頼しました。浜口は喜んで引き受けましたが、ほどなく「道也さん、うちでは無理だ…鳥を見ることが好きな人間はいくらでもいるが、調査する人数は確保できない」と言われました。そこで子どもの頃から鳥好きの協会員の山口喜盛に「協会から独立した調査団体をつくれ。調査員は会員内外から集めろ」と話しました。ところが調査を始めてもなかなか営巣地を特定できません。暇な山口から「暇な時に調査して欲しい」と頼まれました。小雨の降る五月、プロミナーの中に子育てするクマタカを見つけました。林道計画路線のほぼ「ど真ん中」でした。

仲ノ沢（小川谷）治山工事に対する反対運動（一九九二～九九年）

西丹沢の山北町にある人造湖、丹沢湖から玄倉林道を進み、途中から仲ノ沢林道へ入ります。仲ノ沢林道は川の西側の穴ノ平沢沿いの一帯に広がる「西丹沢県民の森」が終点となっています。林道終点の仲ノ沢出合から東沢出合付近までの「小川谷廊下」は沢登りの名所としてもよく知られ、丹沢で最も手つかずの渓谷美が残され「丹沢最後の秘境」と呼ばれています。

仲ノ沢）通称小川谷核心部

一九九二（平成四）年の夏、「この林道の先で測量の赤い杭が打ってある。林道が小川谷沿いに延長されるのではないか」という情報が、複数の登山者から、はがきや電話で協会に伝えられました。もし延長工事が実行され、堰堤がたくさん作られれば、小川谷に止まらず西丹沢の自然が大きく損なわれる恐れがあります。

そこで一九九二年八月二十八日、協会の中村副会長と大沢理事長が、神奈川県林務課を訪問しました。課長代理と専任技官が対応し、小川谷の上流は山腹の崩壊が激しく治山工事が必要で、資材運搬のための林道の建設計画があることが伝えられました。ただし、西丹沢県民の森から八〇〇メートル先の仲ノ沢流域までで、小川谷側の尾根を越えることはないと説明されました。

協会からは、山の奥深く入って行われる治山工事は自然環境への影響が大きく、また道路の開設は開設そのものが崩壊を誘発することもあり、さらに鳥獣の密猟や植物の盗掘に使われることもあるので、建設する側はこうした結果についても責任を持って欲しいこと、林道建設や治山工事については計画の早い段階から協議を行うことを要望しました。

（「丹沢だより」二七四号　一九九二・九、二七五号　一九九二・一〇）

九月二十日に青砥会長と大沢が林道の建設予定地を歩き、その帰りに丹沢ホームに立ち寄って、現地をすでに歩いていた中村と協議しました。三人はその場で林道建設のあり方について県に対する要望書を作成し、翌九月二十一日に県知事に送りました。要望書で挙げられた要望は以下の四つです。

① 目的とする林道や治山工事の必要性に対する厳しい評価をすること。
② 計画や工事の経過についての情報を県民に対して公開すること。
③ 自然に対する影響を最小に止める計画及び施工をすること。
④ 建設後の道路の利用に対して適切な規制を行うこと。

その後、八月の訪問時に会った林務課の専任技官から「資材運搬用の林道が八〇〇メートル以上になるかもしれない」という話があり、九月二十四日に中村と大沢が再び林務課を訪れました。この時に示された計画図では、西丹沢県民の森入口の既設林道の終点から小尾根を越えて仲ノ沢に入り、右岸を遡って起点から約八〇〇メートルのあたりで沢を渡り、左岸に少し入った地点まで林道を作ると説明されました。

ここまでの工事で二〜三年かかり、以後の計画は未定です。「将来の架線による治山工事に適した場所までは延長する予定だが、いかなる場合でも仲ノ沢左岸の尾根は越えない」という前回の説明が強調されました。ただし、今後の林道計画や治山計画はまだ現場担当者から上がっておらず、予算要求の関係で全体計画ができるのは翌年の一九九三年二月という話でした。

「小川谷の上流一帯は関東大震災に起因する山腹崩壊が激しく、丹沢湖への土砂流入を抑えるためには源流部の治山工事が必要」と林務課は言っていて、今回の工事計画も単なる林道の延長ではなく、治山用の資材運搬路の新設工事という位置付けです。しかし、それなら全体計画が先にあるのが常識的に考えても当然であり、それがなければ全体の予算編成など不可能と言えます。協会からは以下の三点の疑問と提案を林務課に対して提示しました。

① ガレと渓流の景観や生態系は丹沢の基本的な特徴。手付かずで残っているのはここしかないので、極力手を入れるべきではない。

② この一帯は地質的にもろい地域なので、崩壊を治山工事で止められるのか。

③ 丹沢湖への土砂流入対策は、仲ノ沢出合よりも下で行うことが可能ではないか。

（「丹沢だより」二七五号　一九九二・一〇）

十月八日には中村、大沢、協会理事の奥津の三名が林務課を訪問し、三度目の話し合いを行いました。説明は前の二回と基本的に同じで、示された図面によると今計画中の治山計画で仲ノ沢だけで堰堤を一九基、道路を八〇〇メートル建設し、将来さらに上流部の工事を行うかは分からないという回答で、計画図面も未作成とのことでした。

協会は、この形の話し合いを続けていてはいつまでも平行線であると判断し、十月十五日付で治山工事と保安林管理道計画について白紙撤回を求める二度目の要望書を県知事に提出しました。いくつかの丹沢の関係団体からも賛同を得たほか、十月十六日付で神奈川新聞と読売新聞に要望書提出の記事が掲載されました。要望書に書かれた内容は以下の四点です。

① 国定公園内のこの地域に残された自然の重要性に鑑み、仲ノ沢出合から上流の流域は出来る限り手を加えずに守っていくこと。

② 現在計画中の保安林管理道は将来の延長を見越したものと思われるので、計画を白紙に戻すこと。

③　治山工事が必要な理由とされている丹沢湖への土砂の流入については、別の方策を検討していくこと。
④　以上の内容について、この流域の治山の全体計画を明らかにした上で、話し合いをする場を設定すること。
（「丹沢だより」二七六号　一九九二・一一）


　要望書に対する返事がないので、十一月十七日にこれまでに賛同のあった八つの丹沢関係団体と連名で再度要望書を送りました。賛同団体は神奈川県自然保護協会、シカ問題連絡会、東京都山岳連盟、横浜山岳会、丹沢ブナ党、丹沢ドン会、勤労者山岳連盟、ツキノワの会です。

　林務課から再度説明したいと連絡を受け、十二月十四日に中村、大沢が訪問しましたが、治山工事が仲ノ沢流域のさらに上流に及ぶ可能性が示されたほかは、基本的に前回と同じ内容で、翌年の一月半ばまでに文書で回答するとのことでした。

　その一方、賛同団体は日本野鳥の会神奈川支部、横浜蝸牛山岳会、横浜霧藻山岳会、横浜山の手ブロッケン山の会、きんたろう山の会、暁山岳会の六つが加わり、一四団体になりました。

（「丹沢だより」二七七号　一九九二・一二）


　一九九三（平成五）年一月十五日、林務課の課長名で協会の要望書に対する回答書面が送られてきました。しかし、「穴ノ平沢・仲ノ沢計画区は、県内で最も山地の荒廃が著しい地区の一つで、自然復旧に委ねることは困難であることから治山事業により、適正な森林の状態に復元することが必要」として、「平成四年度から平成八年度までの五カ年間は仲ノ沢支流に限定して行い、その後もさらに管理道の延伸が必要と考えている」など、工事の実施方針を述べるだけで、協会の要望には何も答えていない内容でした。

（「丹沢だより」二七八号　一九九三・一）

この回答書に対して、協会からは一月十七日付で再度以下について質問を送りました。

① 約二〇年前に一度計画され、破棄された計画を復活させた理由。

② この地域が県内で最も荒廃が著しいということ、また丹沢湖への土砂の流入についての根拠（データ）は何か。

（「丹沢だより」二七九号　一九九三・二）

二月十二日に林務課長から返ってきた質問への回答は以下の通りです。

①の回答

山北町は昭和四十七年七月の大災害で多くの荒廃地が発生し、治山工事などで復旧に勤めてきたが、穴の平沢・仲ノ沢地区は約二〇年経った今もほとんど事業が進んでおらず、自然復旧もせず放置されている。昭和二十九年の航空写真と比較しても荒廃状況が類似しており、自然復旧が難しいことが伺える。

②の回答

県全体の荒廃率一・五％に対して穴の平沢・仲ノ沢計画区は五・三％と三・五倍も高い。崩壊土石が山積している

（以下が提示された比較表：略）。

（「丹沢だより」二八〇号　一九九三・三）

四月十二日に改めて要望書を提出。

（「丹沢だより」二八一号　一九九三・四）

六月八日、県が治山工事計画の説明会を実施しました。県からは林務課の森林土木担当二名、西部治山事務所三名、協会からは青砥、中村、大沢の三名が参加し、工事は一九九三年九月頃から開始予定と伝えられました。一方、

この頃から日本自然保護協会の会報誌「自然保護」、別冊「つり人」などの雑誌・新聞で小川谷問題が取り上げられるようになりました。

（「丹沢だより」二八三号　一九九三・六）

私たちが正式な回答を繰り返し求めても、その度に説明も回答も違ったものになり、道路一つとっても、八〇〇メートルから一六〇〇メートルに説明が変わり、実際にはさらに延長されるように計画されています。「構想と計画は違いますよ」が、その度に聞かされる言葉です。そして、未だ本当の計画を公表してくれません。

仲ノ沢治山工事も「山腹崩落の復旧が重点である」と言い続けています。（中略）あの山に登れば分かることですが、あの自然崩壊を止めることができると本当に考えているのでしょうか。もしそれができるなら、長い時間を費やしてきた地域は山腹が緑に変わっていいはずですが、実際はほとんど手付かずで谷止堰堤の数しか目立ちません。

（「丹沢だより」二八七号　一九九三・一〇）

十一月七日、初めて小川谷の現地見学会を実施し、一七名が参加しました。

〈参加者の声〉

「それにしても、こんな脆い岩盤を削って道を作ってまで堰堤を入れ、崩れていく山をコンクリートで固める必要があるのでしょうか」

「取り付け工事だけでも大量の土砂が出て、このもろい所に工事すれば崩壊を加速させることになるだろうと直感した。こういう矛盾ある工事を合理的な説明をされず、遮二無二推し進める行政の方々の気が知れない」

「素人の目には、いじればいじるだけ崩壊、土砂の堆積が増しそうな気がしました」

十一月十五日、工事着手。翌週に現場を見た前島孝雄から予定地の伐採を確認。林務課森林土木班から十一月五日から翌年三月二十日まで、一三三メートルの延長工事が始まると連絡あり。契約金は約三〇〇〇万円。

前島孝雄

仲ノ沢計画区は荒廃率五・三%と三・五倍も高いというのが治山工事の理由だが、この数値が災害とどう結びつくのかの説明がない。この流域に民家はなく、森林維持の面からも治山工事を必要としているとはどうしても思えない。丹沢湖への土砂流入についても定量的な説明はまったくなく、対策を打つにしても仲ノ沢出合から下流で十分に可能であろう。

（「丹沢だより」二八九号　一九九三・一二）

一九九四（平成六）年一月十一日、林務課森林土木班の担当者と話し合いを行い、ようやく全体計画の説明を聞くことができました。

林務課は関東大震災がもたらした無数の崩壊地を復旧し、植生回復することに長年にわたり取り組んできた。小川谷流域は特にそれが激しい場所で、地理的に工事が難しいためにこれまで手が入れられなかったが、ようやく治山工事の計画をすることになった。まず、コンサルタント会社に調査を依頼したところ、林道を東沢出合上部まで約二九〇〇メートル入れて、堰堤を百数十基建設する案が提示された。これを受けて林務課で計画を作成し、それに基づいて五カ年計画がされたのだった。

つまり正式決定は確かに「林道延長八〇〇メートル、仲ノ沢支流に堰堤十数基」しかされていないのであるが、将来的には流域全体に大規模な治山工事を行うための第一歩であったのである。林務課のこれまでの「全体計画はない」との説明は、「予算措置が付いた正式決定はない」という意味では本当だったが、今回の説明は一年前に現計画の正式決定がされた時点で全体計画があったことを認めたもので、従来の我々への説明は実質的なウソだったことになる。また丹沢湖への土砂流入が工事理由ではないことも明らかになった。

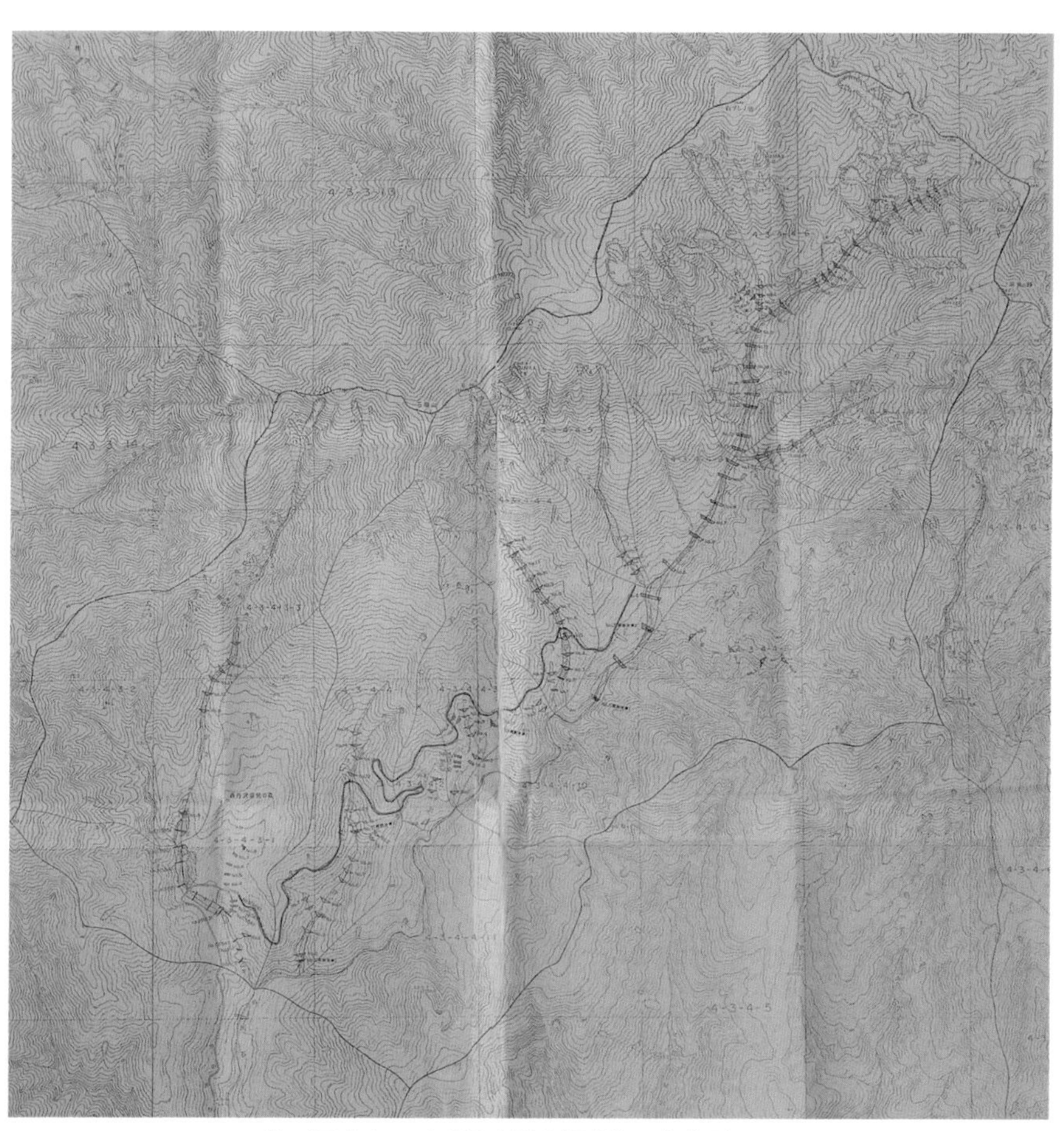

仲ノ沢治山工事（保安道と堰堤）の全体計画図
⏢ ▽ の印はコンクリート堰堤

協会は、丹沢の崩壊地の治山工事や林道建設全てに反対しているわけではない。丹沢での水源涵養のための林業や、それに伴う木材生産、そのための治山工事の必要性は理解しているつもりである。それを承知した上で、崩壊地もまた自然の一部であり、そこを生活の場としている植物、動物の立場を代弁して、自然の遷移に任せるところがあっても良いのではないかと主張しているのである。

すでに工事を終えた場所を見て仲ノ沢治山事業を考えるため、治山事業により無数の砂防堰堤が作られた西丹沢の白石沢の見学を三月六日に実施。今の丹沢で、コンクリート堰堤がない沢はほとんどない。

（「丹沢だより」二九一号　一九九四・二）

三月六日の白石沢視察に八名参加。合わせて小川谷も見学。白石沢は昭和四十五年から平成五年まで断続的に続けられた工事で三七基の堰堤が作られ、コンクリートで固められている。参加者からは「これらの工事は一体誰が設計し、どのようにチェックされ施工されているのでしょう。本当に必要なものでしょうか」という疑問が口々に上がった。

〈参加者の感想〉（抜粋）

「はるか向こうに見える山頂に山崩れの後がはっきり残っていて、そこから岩や砂利が流れてくるのが分かった。そうならばもう、一部分のところでそれを食い止めようとしても無駄なことのような気がして仕方なかった」

「もちろん、人の生命や財産を守るために必要な治山・治水工事に反対する気は毛頭ないが、今回の検証を終えて工事のための工事といえなくもない感が年々エスカレートしているという危惧を覚えた」

「その工事をする必要性や意義、設計に関して、多方面からのチェックが行われ、行き過ぎを防ぐシステムが機能して行くようになれば…と願う」

（「丹沢だより」二九三号　一九九四・四）

四月十七日、第二回小川谷視察。一六名参加。三月六日より工事が進んでいるが、もろい地質で、触るとボロボロと崩れ、しかも急斜面なので法面の掘削が大きく露出した崖のあちこちが崩落している。以下のような問題点が参加者から指摘されました。

・このもろい地質、急傾斜地における林道工事には無理があると思われること。
・崩壊を防ぐ手立てとして沢に置ける安易な堰堤の構築。
・現在の土木技術は自然の姿を容易に改変できることの恐ろしさ。

（「丹沢だより」二九四号　一九九四・五）

前年度工事の終了を受け、六月九日に西部治山事務所で担当者に会い、現地の様子を見ながら、さらに具体的な議論をしようと、六月二十三日に小川谷治山工事の現場で県の担当者との話し合いをしました。協会からは中村、大沢、白鳥、田口、青木の五名、県からはこの工事を担当する西部治山事務所の五名、本庁林務課の森林土木担当者一名が参加しました。

現場では一九九四年三月までに一五〇メートルの工事が開設されましたが、すでに二箇所で大きな法面崩落が起き、道路を完全に塞いで通行不可能となっていました。

「四月に工事直後の状況から地質の脆さを実感し、これでは大雨が来れば崩れるだろうと思ったが、五月下旬の大雨でそのとおりになった。しかもこの崩落はまだ大きくなる可能性がある。この現場では崩落が予想できたものかどうか、復旧対策をどのような手法で講じるのか、今年度工事で同様の事態が起きた場合はどんな措置をとるのかなどが話題になった。

九四年度は既設分の修復工事を行いながら、さらに一〇〇メートルの延長工事が予定されている。その予定区間を歩いてみたが急斜面が続き、難工事が予想される」

（「丹沢だより」二九五号　二九六号　一九九四・六、七）

七月十六、十七日に第三回の小川谷現地視察。参加者一一名。丹沢では沢の始まるところには必ず崩壊が見られる。その規模は地形や植生の状態などによって差がある。参加者の白鳥はこう書いています。

「昔々の丹沢は、何十年かに一度の大雨に見舞われても、緑のダムの働きが災害を防止して安定した水を供給し、そのために人々は大事に山を守っていたのかもしれません。（中略）人為的な環境の大きな改変が、丹沢の自然史の観点からもその生態系を大きく変えていることを認識すべきです。自然の治癒力を最大限引き出して、遠い過去に守られていた頃の山の姿を取り戻すような努力が考えられないものでしょうか。『一〇〇年前の丹沢を歩いてみたい』と真面目に考えてみましょう。次の世代に新たなツケを回さないためにも」

（「丹沢だより」二九七号　一九九四・八）

九四年は計三回の小川谷現地視察を行いました。

「今年度開設分の一三〇メートルの工事計画の入札が終わり、発注されることになったのを機に、中村と大沢が十月六日に西部治山事務所に出向き、県林務課から工事の概要についての説明を聞いた。

今年度工事には、昨年度の工事で法面崩壊を起こした箇所への特殊モルタル吹付などの復旧工事も含まれる。新規部分は昨年のような失敗を繰り返さないようにするため、あらかじめ、擁壁やモルタル吹き付け工事が予定されている。また側溝に小動物に配慮して、U型を止め、L字型を使用するなどの対策がとられている。そのため工事費も昨年度の約三四〇〇万円より多くなり四三〇〇万円となっている。

通常の林道工事に比べて自然への配慮がされていることは分かるが、財政逼迫の中でなぜ予算の増額は可能なのか、何を守るための治山工事なのか、地質や生態系の調査もなしに国定公園内の工事が認められるのかなど根本的な疑問はひとつも解消されていない」と後に大沢が書いています。

（「丹沢だより」二九九号　一九九四・一〇）

小川谷保安管理道工事が三年目に入ろうとしている九月九日、小川谷治山工事について再び県に要望書を提出。「これまでの工事で、私たちが警告していたように、多くの箇所で法面の崩落が起きました。これは今後の工事でも予想予測されることですし、もし開通したとしても絶えず崩落の危険を抱えた道路になると思われます」として以下の調査項目と、それを踏まえた工事計画の再検討を要望。

①　工事中、計画中の地域の地質と道路の工事車両の通行が与える影響。及びその地域の動植物と水の流れなどの環境。

②　将来治山工事が必要とされている小川谷上流域の地質、特にその崩落による災害、丹沢湖の堆砂との因果関係、この地域の動植物相。

③　本事業のバランスシート。どれだけの予算を使って何を守ろうとするのか。

（「丹沢だより」三一〇号　一九九五・九）

流れが変わったのが一九九五（平成七）年十月十六日です。九月に提出した要望書に関して県林務課と中村、大沢が話し合いを行いました。当初から協会が主張してきた意見と調査の要望を行ったところ、要望書に対応する形で、県林務課が、来年度に予算を取って調査することを約束したのです。「地質、植生、動物相など、限られた予算と時間の制約でどこまで出来るか分からないが、その結果を踏まえて話し合いを続け、今後の工事計画を見直していく」とのことでした。

十月二十二日に一年三ヶ月ぶりに小川谷視察。九名参加。

十月三十一日には中村と白鳥が西部治山事務所に出向き、今年度の工事計画などについて説明を受けた。道路延長は約一六〇メートル、急斜面で難工事が予想される。

（「丹沢だより」三一一号　一九九五・十一）

そして一九九六（平成八）年度に入ると、事態は一変します。神奈川県が仲ノ沢の林道工事を全面ストップしたのです。そして、自然保護に配慮した治山事業の今後のあり方について「仲ノ沢流域管理指針」を作成するとして、その作業のために県職員と研究者から構成される「仲ノ沢流域管理検討委員会」を設置しました。

こうした方向転換のきっかけの一つとして考えられるのは、少し遡って一九九四（平成六）年八月に作成された東京学芸大学の小泉武栄教授の意見書です。協会は工事に対し、その度に変わる県の説明に納得せず、客観的・科学的なデータに基づいて主張をしたいと考えました。小泉教授は地質地形学の専門家で、中村が事情を説明して協力を依頼したところ、快く現地調査を引き受け、その結果を踏まえた仲ノ沢の林道工事に対する意見書を作成していただきました。「丹沢山地玄倉川上流の林道延長計画についての所見」と題し、小泉教授は地質学的な根拠に基づき、「これ以上の延長工事はとりやめた方が賢明」と明言しています。

協会から神奈川県に提出したその意見書の一部を以下に抜粋します。

丹沢山地玄倉川上流の林道延長計画についての所見（東京学芸大学の小泉武栄教授）

① 林道延長予定地の地質について

問題の林道工事の行われている現場の地質は、丹沢山地の西部に分布する石英閃緑岩で、地表面から少なくとも数十メートルの深さまで真砂化しており、非常に軟弱な状態になっています。林道工事では、この真砂の部分を削り取り、そこに法面を作っていますが、その結果、林道上部の軟弱な真砂層が不安定化し、大変崩れやすくなっています。現実に何箇所も崩壊が起きているのはその裏づけといえましょう。（中略）

今後、集中豪雨の際などには、法面が全面的に崩れる恐れがあります。何を目的とした林道なのか、私は知りませんが、これ以上の延長はとりやめ、すでに工事した部分もなるべく早く修復工事にかかられた方が賢明と考えま

透き通った青い水をたたえる玄倉川

手掘りの熊木トンネル

す。このまま延長工事を行えば、いずれ工事現場全体が崩壊の巣となってしまう可能性があります。こうなりますと、そこからの土砂流出により、玄倉川上流の谷は土砂で埋められてしまうでしょう。

仲の沢流域管理指針検討委員会

また、神奈川県に対する要望書や意見書提出と別に、中村副会長は林野庁を訪れ、「いま、私たちは丹沢で林道開設の反対運動をしている…略…取り敢えず神奈川県に国の予算をつけないでくれ」と要望しました。対応した林野庁職員は困った顔をして資料を示しながら「ウチは県から計画が上がると、余程の事情あるいは書類に不備がない限り却下できない。判を押さないといけない」としながらも、「実際に県民の反対意見があるのに〈ない〉と言って申請しているなら、それを理由に神奈川県に再説明を求めることはできる。その間にそちらでなんとかしてください」と言われました。また別の職員からは「神奈川なら県民参加の委員会を作ることを提案してはどうか。あなたならできるでしょう」と、神奈川県の一部幹部職員と同じ助言をしてくれたのです。このアドバイスに沿って協会は県に対し工事の検討を行う委員会の設置を提言しました。

仲の沢流域管理指針検討委員会は一九九六年度から一九九八年度までの三年間に渡って活動しました。委員長は株式会社ＴＥＲＲＡエンジニアリングの農学博士、清水博が務め、委員は神奈川県立生命の星・地球博物館の山下浩之技師、神奈川県環境科学センター水質環境部の横山尚秀副部長、神奈川県西部治山事務所の依田久司技術調整担当部長、そしてコリドー運動や丹沢フォーラムなどで全面的に協力をもらっている東京農工大学の古林助手（後・助教授）も参加しました。

さらに二年目の一九九七年度からは、一部メンバーの入れ替えがあり、協会の大沢洋一郎が委員として参加することになりました。これで初年度の「官・学」から「官・民・学」の検討委員会が実現したことになります。

一九九九（平成十一）年三月五日、三年間審議を続けてきた「仲の沢流域管理指針検討委員会」の最終会議が開催され、大沢は「丹沢だより」三五一号（一九九九・三）で次のように感想を述べています。

「大規模な治山計画がされていることを知り、計画の撤回を求めたのは一九九二年のことだった。あれから六年半、保安林管理道は現場で凍結され、延伸を行わないことが確認され、流域は基本的に手を加えずに、自然の推移を見守る場所として位置付けられた」

仲の沢流域管理指針検討委員会が作成した平成八年度「仲の沢流域治山基本調査報告書」には、仲ノ沢の工事に関する「丹沢だより」の記事が資料として多数収められているほか、「はじめに」の項で、同調査が「県民の異議申し立てによりスタートした」として、協会のアクションがきっかけとなったことを明記し、工事の全面中止に協会が大きな役割を果たしたことを記しています。以下は「はじめに」の抜粋です。非常に建設的で、改めて神奈川県の森林行政に生かしてほしいと切に思う内容です。

「仲の沢流域治山基本調査報告書」はじめに

本委員会は、「人間社会を守るために丹沢を守る」ことを基本理念とし、県民からの意見・疑問に答えると同時に、先の計画を見直しつつ、社会の要望に的確に応える行政施策「仲の沢流域管理指針」づくりを目指して努力してきた。

その結果は、森林や渓流そのものが今まで果たしてきた役割に改めて注目し、「自然の力には逆らえないが、災いを最小限にするような山とのつきあい方」、すなわち「災害の予測と森林管理の手法」という、古くからの命題に限りなく近づいてきたように思われる。

この命題に対し、現在では科学技術の進歩により、データの内容や、それを解析する視点としての生態学などが進歩したことにより、より明確な形でそれを表現することが要求されている。

しかし、従来の治山事業の中では、経験話はあるにしても、第三者にたいして説明するようなデータ蓄積が皆無に近い現実がある。従って、必要とするデータの選択・収集、解釈の基準とする時間軸単位の取り方、環境への負荷評価の判断基準など、ごく基本レベルの共通認識を構築する作業が続けられなければならない。

今年度の調査は医療に例えれば診察段階と言えるが、全体像を把握しつつ、的確な診察診断を行うには、多くの正確な情報が必要であり、また出来上がった処方箋に従って、効果的かつ安価な治療を行うためには優秀な技術が欠かせない。

これらの作業は行政が中心となりながらも、情報の収集や影響評価の段階から県民が参加することで、より充実した内容となり、環境への負荷を抑制しつつ、有効な手法を創出していく

仲の沢流域治山基本調査報告書

ことになろう。

更に、これからの公共事業は、今まで以上にコストパフォーマンスを要求されるので、正確な処方を少しでも早く、かつ大胆に実行することが、予防医学的効果として良い結果をもたらすことになると思われる。

この調査は、県民の異議申し立てによりスタートしたと言えるが、仲ノ沢でこれからも続けられる各種作業の場面で、「丹沢大山自然環境総合調査」のデータを含めた情報共有のもとで、丹沢を守ろうとする人々による真剣な意見のぶつけ合いと、現場での協力体制が継続されれば、そのなかで合意形成が図られ、丹沢山地の将来に良い結果をもたらすことと思われる。

……と結ばれている。

現在、「小川谷廊下」をインターネットで検索すると、景観の美しさ、沢登りを楽しむ人たちのブログがいくつも出てきます。協会メンバーを始め、丹沢に関心を持つ人たちがわずかな変化を見逃さず、疑問を繰り返し行政にぶつけたことが小川谷を守り、今も多くの人たちが自然のままの美しさを享受できていることにつながった、と言えます。

「一ノ沢考証林」車道開設計画反対運動

なお、仲ノ沢の林道工事と同時期の一九九五（平成七）年四月、突如として県道七〇号線の「札掛橋」から布川に沿って、県道対岸に一ノ沢考証林に向け車道を八〇〇メートルほど開設する計画が持ち上がりました。神奈川県は計画の趣旨を「森林の自然を身体障害者も楽しめるようにする」としていました。しかし、この自然林は学術考証林と呼ばれ、神奈川県の地域天然記念物に指定され、特に重要な位置づけをされています。太平洋戦争末期には、軍需物資として伐採命令を出す軍部の圧力に抗い、当時の神奈川県林務課職員が後世に残すべき貴重な財産と訴え、まさに命を賭けて守ったことでも知られています。

協会はこの計画について知ると、断固反対の姿勢を示し、計画の白紙撤回を県に求めました。五月三十一日に県担当者と協会の青砥、中村、大沢の間で話し合いの場が持たれました。その結果、車道開設の計画はわずか二カ月足らずで撤回され、代わりに木材を利用し車イスが入れる幅広の歩道を三〇〇メートルほど設置することになりました。

（「丹沢だより」三〇六号　三〇七号　一九九五・五、六）

一ノ沢考証林

県の対応がこのように迅速だったのは、これまでも協会は、さまざまな活動に際し東京農工大学の古林氏など専門家の意見を常に取り入れ、仲ノ沢の林道開設工事の反対運動では小泉教授に意見書作成を依頼するなど、学識者の協力が大きな力になったと推測します。

こうした反対運動では声高に相手に意見をぶつけるだけでなく、第三者の有識者も交えて客観的なデータに基づいて意見を述べることの重要性を実感した一件となりました。

また、官・民・学による委員会を設置して工事の是非について建設的な話し合いができた点も、仲ノ沢の反対運動で得た大きな成果です。このことは、二〇〇四（平成十六）年度から行われた「丹沢大山総合調査」、その後に発足する「丹沢大山保全計画」策定委員会や、さらに「丹沢自然再生委員会」につながっています。

2　丹沢で自然環境を考える

堀江精三郎（会員）

丹沢と丹沢ホームと丹沢自然保護協会

丹沢～そこは私の山登りの原点です。昭和二十九年八月、大倉尾根から塔が岳へ登り、山頂の小さなけむたい初代の尊仏山荘に宿泊して、翌日、龍ケ馬場を往復して再び大倉尾根を下山したのが初めての丹沢登山でした。神奈川国体が昭和三十年に開催されることになり、山岳部門が丹沢山塊でした。現在の尊仏山荘の初代の小屋が、国体に間に合わせるように建築中でした。中学の同期生たち三〇名くらいと、夏の体験学習としての合同登山でした。この時の丹沢の印象が鮮烈で、山頂からの大展望や雲海の素晴らしさ、山で出会った人たちとの明るく楽しかった交流が少年期の私の山登りを後押ししてくれたのでしょう。

その後、高校山岳部に入り、卒業後、横浜の山岳会に入ったのを契機に本格的に山歩きを始めたのが昭和三十三年でしたが、現在も現役（顧問）として在籍しております。高校では丹沢の尾根歩きや簡単な沢登り、初歩的な冬山歩きなどが山行計画として多く取り入れられて、三年間で丹沢の尾根はほとんどを歩くことができました。

山岳会の先輩に連れられて丹沢ホームを訪れたのが昭和三十四年の夏でしたから、六二年前ということになります。それから丹沢ホームとの交流が始まるわけですが、丹沢ホームを足場に東丹沢の尾根や沢を歩く人たちがここには多く集まり、いつも顔を合わせるメンバーもほぼ決まっていましたので、道也さんのお父さんの芳男さんの提案で、昭和四十年代の始めころでしょうか？「丹沢ホーム山の会」なるグループを作ることになりました。札掛通いの人たちばかりの集まりですから、毎月、芳男さんをリーダーに近くの山に入るのが楽しみで、多くのメンバーが参加していました。数年後、芳男さんが「丹沢ホーム山の会」を発展・拡大させて「丹沢自然保護協会」として活動をすることを山の会のメンバーに問い、多くのメンバーの賛同を得て現在に至っているものと思われます。

札掛から始まった丹沢自然保護協会も中村芳男さんが「全国自然保護連合会」（昭和四十六＝一九七一年）の初代理事長に就任した時点から、丹沢自然保護協会の活動も大きく発展していったものと思われます。この全国自然保護連合会の運動こそ、日本の自然保護活動の先駆けとなったものと考えています。

山や自然とのかかわりが大きな札掛ですが、私にとっては、丹沢ホームという昭和三十年代の山小屋としての存在が今でも忘れられません。大きなかまどのある台所や五右衛門風呂は今でも想い出します。道也さんのお母さんである登喜子さん（みんなからはオババと呼ばれていましたが…）は、私にとっては丹沢のおふくろ的な存在で、いつも暖かく見守ってくれていたのを今でもありがたく感謝しております。

札掛集落

丹沢ホーム初期　屋根に十字架がある

このように人が生きていくうえで一番大切なことは人と人とのつながりで、信頼して付き合いができる義理人情が登山や自然保護以上に今でも必要なことではないでしょうか。若いころ札掛で学んだ、かけがえのない有意義な出来事は終生忘れることはありませんし、大切に心の片隅にしまっておきたいと思っています。今でも思い出すことは、夜道の暗い林道でヤマユリの香りが鼻をくすぐる懐かしさや、柏木林道を月明りで登る時に見た夜空の星の多さ、秦野盆地の夜の明かりのきらめき、肌に感じる心地よい夜風の涼しさなど、札掛通いの思い出です。

長年にわたり丹沢ホームでお世話になった多くの皆様方に感謝申し上げるとともに、丹沢自然保護協会の益々の発展と皆様のご活躍を心からお祈りしております。

子どもの時の感動から動物に会いに六〇年、年表を見て感じたこと

山形輝夫（協会理事）

終戦後の何もない時代、小学校に巡回映画がやってきました。夜、校庭に大勢の人が集まり映画を見ました。レンズが割れて中止になったり、フイルムが切れるなど多々ありました。その中で、子どもが山の中で鹿に出会う場面がありました、その時の鹿の印象が強く、いつか山に行って会いたいと強く思いました。学生の時に丹沢を歩きカモシカに出会い感動しました。丹沢ホームに泊まった折、中村芳男さんから、「今度、丹沢自然保護協会を作るけど入りませんか」と声をかけられたのがきっかけでした。協会の活動への参加と動物に会いに六〇年以上丹沢に通っています。

丹沢自然保護協会の活動を振り返ると、その時代が必要とする活動を行ってきたと私は思います。

〈丹沢のシカ問題〉　戦後、まだ数の少ない丹沢のシカの狩猟解禁が行われることになり、シカの絶滅を心配し、これに反対する子どもたちの要望を受けて活動が始まりました。その後、皆伐・造林政策により草が増えてシカが増

菩提峠萱場　日本初の人工スキー場開設
手前は二ノ塔伐採地

天王寺尾根　一斉伐採地

殖し、造林木の成長とともに草が無くなり、シカの食害による山地の荒廃が進みました。保護柵の設置、樹皮食い対策のネット巻きなど状況の変化に応じた活動が展開されました。現在、人と動物の共存を目指して緑の回廊、広葉樹の森作りを進めています。

〈全国自然保護連合の設立〉　戦後、朝鮮戦争による特需景気、池田内閣による所得倍増計画、田中角栄の列島改造論などにより経済の著しい発展がありましたが、この副作用として、イタイイタイ病、水俣病、四日市ぜんそくなど多くの公害が発生し、尾瀬ケ原ダム建設計画に代表される無秩序な開発が企図され、自然環境破壊が行われようとしていました。この様な問題に対応するため、中村芳男さんを中心に全国の自然保護団体に呼び掛けて全国自然保護連合が設立されました。中村さんは環境庁の自然環境保全審議会委員として、理不尽な開発の中止、計画の変更に努力しました。釧路湿原の埋め立て、白神山地の開発、各地の山岳道路等の開発を止めた場所は今、自然遺産や観光地として栄えています。計画のまま、すべて開発が行われていたら、子孫に何を残せたのかと、自然保護活動の重要性を再認識します。

〈丹沢における自然保護運動〉　丹沢においても林道の開発、電波塔、送電線など多くの事業が計画されました。丹沢自然保護協会などの反対運動の成果として高さや規模、景観対策など一応の歯止めをかけることができました。市街地に溢れていたゴミは東京オリンピックを契機に綺麗になりましたが、丹沢の山中でのゴミは変わらずポイ捨てでした。登山ブームと生活水準の向上により山でポイ捨てされるゴミの量は急増しました。何とかしようと、清掃活動やゴミ持ち帰り運動が行われ、その後、登山者の意識も変わり、今では山でのゴミのポイ捨ては激減しました。時間はかかりましたが、ここまで変わったことに感動です。

〈未来へつなぐ森の学校〉　自然保護活動を進めるうえで次世代のリーダーを育てることが重要であることに気付き、一九七二（昭和四十七）年、子どもたちを対象に自然と親しむ体験をしてもらう「森の学校」が始まりました。現在も継続して年三回「森の学校」を開催しています。時代の変化に対応して活動内容は変わっていますが、個々の活動は全て繋がっています。

〈協会六〇年の意味〉　協会を六〇年継続しているから分かることが多くあります。今進めている活動は「生態系全体の保護」…生態系が保護され、初めて個々の種を守ることができる。そのためには「官・学・民」の協働体制で責任の共有が必要という考えのもと連携を働きかけています。きれいな森の水を子どもたちに残せるようにと願いつつ…。

塔ヶ岳ロープウェイ建設計画

一九七二（昭和四十七）年、小田急電鉄が塔ヶ岳へのロープウェイ計画を発表しました。塔ヶ岳のロープウェイ計画は、一九六五（昭和四十）年に丹沢の国定公園指定に合わせるように、小田急電鉄が計画したことがありました。計画は丹沢自然保護協会をはじめとする人々の反対運動によって中止になりました。十二年を経た小田急電鉄の建設計画に対し、丹沢自然保護協会は小田急電鉄に改めて建設中止を求めました。並行して神奈川県知事、秦野市長あてに建設中止の要望書や陳情書を提出、登山者を始めとする丹沢愛好者などに広く呼びかけ、ロープウェイ建設反対運動を展開しました。

三ノ塔より塔ヶ岳を望む

小田急は、一九七二（昭和四十七）年四月の着工を予定していましたが、運輸省はじめ秦野市長もさまざまな観点から難色を示しました。世論も味方し、神奈川県は小田急電鉄に対し、三月二十三日付で事実上の中止勧告を行いました。塔ヶ岳ロープウェイ建設は中止されました。

同年九月に発行された「丹沢だより」三四号では、「すでに認可された事業を市民運動が阻止した例はこの他に尾瀬の自動車道路の例があり、我々の運動に明るい展望が開けつつあるという点で共に画期的な事例である」と記しています。

二〇〇四（平成十六）年、地方創生の目玉事業として厚木市が大山山頂付近へのロープウェイ建設を計画しました。

時代錯誤の観光開発としてさまざまな方面から反対運動が持ち上がり、協会も厚木市に面会を申し入れ、部長と意見交換し反対の要望を手渡しました。その後間もなく厚木市は計画を撤回しました。

ゴミ持ち帰り運動　官民協働の先駆け

一九七〇（昭和四十五）年代になると、日本の経済成長にしたがって丹沢への登山やドライブを楽しむ人たちが増えました。それにともない川原でキャンプをした後の放置ゴミ、ドライブの途中で投げ捨てられるゴミの増加は目を覆うような状態でした。ゴミ問題は丹沢の自然環境を考えるうえでも見過ごせない重要なテーマになってきました。

「丹沢だより」四四号（一九七三・七）では、「ゴミ問題を考えよう」というタイトルで、「登山者に捨てないよう呼びかける」「山で売るものには、ゴミを片付けるための目的で税金をかける」などのアイデアが掲載されました。そこで、翌一九七四（昭和四十九）年は、「ゴミ持ち帰り運動」を協会の重点活動とし、以下の四点を決定しました。

①　この運動は丹沢に関係するすべての人たちの活動指標として「神奈川ゴミ持ち帰り運動推進協議会」を発足させる。
②　五月のゴールデンウイークを中心に登山者、観光客にゴミの持ち帰りを呼び掛け、紙のゴミ袋を配布する。
③　登山者がゴミを捨て難い気持ちを強めるため、主要登山道の清掃を行う。
④　数年後を目途にゴミ袋の配布をやめ、ゴミを捨てない、ゴミになるものを持ち込まない習慣を固定させる。配布するゴミ袋は、神奈川県に要請する。

その中で行政として最も早く協力を申し出た秦野市と共に全国に先駆けた官民協働事業になりました。丹沢のゴミ持ち帰り運動は、その後、神奈川県の参加で「丹沢大山ゴミ持ち帰り運動」から「神奈川ゴミ持ち帰り運動推進協議会」に発展し、県、関係市町村、山小屋関係、国立公園協会、企業、自然保護団体など二七団体が連帯し、会長には津田文吾神奈川県知事が就任し、発足しました。

四月には計二万七千枚のゴミ袋を県から受け取り、ゴールデンウイーク前に塔ヶ岳やヤビツ峠で配布しました。配布したゴミ袋はおおむね好意的に受け取られましたが、合わせて実施した清掃活動では配布したゴミ袋もゴミとして捨てられているという課題が残りました。ゴミ持ち帰り運動の第一歩に「気長に活動の効果が現れるのを待つべきであろう…」と記しています。（「丹沢だより」五五号　一九七四・六）

その後、協会として登山道の清掃、登山客へのゴミ持ち帰りの呼びかけ、持ち帰りゴミ袋用の無人スタンドの製作、設置といった活動を県公園管理事務所と協力して行いました。また、一九七六（昭和五十一）年には、六月と七月の二回にわたり、登山客に対してゴミの投げ捨てに対するアンケートも行いました。

Ｑ１「アメの包み紙をどうするか」

Ａ１「ポケット等に入れる」八九・六%。「捨てる」四・五%

Ｑ２「ジュースの空き缶はどうするか」

Ａ２「家まで持ち帰る」一〇・五%、「駅まで」三九・二%、「ゴミ箱があれば山の中でも捨てる」四三・〇%、「その場で捨てる」一・三%

Ｑ３「登山道のゴミについてどう思うか」

Ａ３「きたない」三〇・四%、「せっかくの山なのに残念」一二・三%

最後に「山を美しく保つにはどうしたらいいか」という質問も行っています。

「持ち帰る」が三六・一%、「登山客の良識・自覚に待つしかない」が一八・二%、「もっとＰＲをする必要がある」五・三%などの回答結果となっています。このアンケートは登山客、観光客への意識調査であるとともに、質問された人が自ずと「ゴミを捨てない」という意識に変えるきっかけになったと考えます。現在なら設問自体が笑われるような内容ですが、当時は真剣に考えた内容でした。

一九七八（昭和五十三）年からは、「神奈川ゴミ持ち帰り運動推進協議会」主催で丹沢を囲む各市町村が一斉に「丹沢大山クリーンキャンペーン」を展開するようになりました。

一九八一（昭和五十六）年十月二十五日実施の際は、約五〇〇〇人が参加しています。

一九八二（昭和五十七）年十月二十四日実施では、約五八〇〇人が合計三一トンのゴミを回収しました。

丹沢自然保護協会が始めた「ゴミ持ち帰り運動」でしたが、行政が主体となったことで大きな広がりになりました。「神奈川ゴミ持ち帰り運動推進協議会」は、後に「クリーンピア21」という名称になり、会員数は八四団体（二〇二〇年時点）、毎年十〜十一月に丹沢大山クリーンキャンペーンを実施しています。

これまでも丹沢の「ゴミ持ち帰り運動」については会報にも度々書いています。協会の活動の詳細は省略しますが、運動の切っ掛けは登山者の放置（投げ捨て）ゴミの清掃が対象でした。同時期に尾瀬でもゴミ清掃運動が始まっています。丹沢と尾瀬のゴミ問題への取組みの大きな違いは、尾瀬は環境庁が主導し、丹沢は市民団体である丹沢自然保護協会から始まったことです。尾瀬は世界に名だたる名勝地、そこに官主導のため取り組みも活発だったように感じました。

中村が尾瀬に行った時も、清掃の甲斐あり「きれいになったな〜」と率直に感じるほどでした。ところがチョッと見、綺麗に見える尾瀬ヶ原になりましたが、池塘の中や木道の下に整然と隠してあるゴミを見て、どうせなら木道の上に置け！と思ったものです。掃除するのにいちいちしゃがみ込み、覗かなければなりません。木道の上に並んでいれば掃除が楽だろうに…と。

丹沢のゴミ持ち帰り運動は、市民の発案に行政機関として最初に協力の手を挙げたのが秦野市であり、組織としての応援は秦野市商工会議所でした。小田急もロープウェイ建設計画が私たちの反対運動で計画を断念した後でしたが、協力の意思表示がありました。

丹沢では協会の要望として行政へゴミ箱の撤去を要請し、登山者にはゴミ持ち帰りの呼びかけが始まっていた頃、上高地に行くと一〇〇メートルおきにゴミ箱が設置してあるのを見て驚きました。前を歩くハイカーが「さすがに上高地ね」と言いながらそのゴミ箱に小さなゴミを放り込んでいました。団塊世代の登山者は覚えていると思いますが、ゴミ箱の周りには溢れたゴミが散乱し、穂高の涸沢テントサイトの一部は巨大なゴミ捨て場と化していました。積み重なるゴミの下の方にはウジが湧いていました。上高地から梓川沿いに横尾から二股を過ぎると「この水、飲むな」と書いた看板がやたら多かったのは涸沢の腐ったゴミの山を見て納得しました。中村が「山」から遠ざかってからの話です。このゴミは処置に困り、最後は自衛隊が火炎放射器で燃やしたと聞きました。三〇年ぶりくらいに穂高へ登った時に、山小屋の知人から「気を付けて見ればゴミ捨て場だった場所の岩に今でも火炎放射器の煤の痕が見つかるよ」と言われました。

ボランティア活動の先駆け　青山学院中等部「緑信会」

（「丹沢だより」五九二号　より）

一九七〇年代後半になるとゴミ問題は、クルマ社会の発展と共にキャンプや日帰りＢＢＱでのゴミ放置が対象になっていきます。市民団体の他にもさまざまな高校や大学の山岳部が清掃活動をする中で、最も積極的に清掃活動に取り組み継続していたのは棟居先生が主導する青山学院中等部の「緑信会」でした。棟居教室とも言える「緑信会」は参加する子どもたちはもちろん、全ての経費を負担し清掃活動をする。さらに、すべての経費は自分持ちである。ボランティア活動が盛んになった現在とは違い、青山学院のワークキャンプは夏休みを利用した丹沢の清掃活動でした。

日本社会は高度経済成長の総仕上げの時代に入っていました。初任給とのバランスを取るために月給が一年に二～三回昇給した時代です。一ドル三六〇円が一気に二九〇円を切ったのもこの頃です。収入や物が豊かになったのですが、気持ちがそこに追いついて行かない人たちが大勢いました。その結果が、五月の連休や夏休みに「自然の中で遊ぶ人たち」が捨てる川原や道路の大量のゴミとなりました。中には石油製品のトレイに入ったまま手付かずの肉や野菜。開封されてない手付かずの米袋。キャンプ中に雨が降れば布団や寝袋まで捨てていきました。川原だけでなく谷川の中にも瓶類の破片が散らばり、周辺の森の中は汚物とティシュが散在していました。水遊びする子どもたちが怪我をすることも度々でした。指先で袋を開けることができない野生動物がビニールや発泡スチロールごと食べ、腸閉塞になった死体も多く見るようになりました。

そんな時代、青山学院の子どもたちは丹沢へ来ると食事もそこそこに清掃を開始します。一度のキャンプが三泊か四泊。キャンプ中すべて天気が良い日ばかりではありません。台風崩れの雨の日、カッパを着て軍手に火バサミ(いまはトングと言うらしい)の姿で雨中を出掛けて行きました。もちろん先生が先頭です。燃、不燃、ビン、缶と分別し、都会の子どもたちが集めたゴミは二トントラックに積みきれません。秦野市へ連絡をすると翌日にはゴミの回収車がきてくれました。量が少なければ中村がトラックに積み、秦野市の清掃施設に運び込みました。まさに官民一体の始まりでした。

ところで、森の学校では春・夏・冬と開催する教室で、参加者全員が一分間スピーチをします。一〇年ほど前の夏の教室のことです。一人の女子が「お母さんが私くらいの時にゴミ掃除に来ていた」と話しました。青山学院・緑信会で清掃奉仕をしていた子どもの子どもでした。時間の流れの速さに驚くと共に、親子で丹沢を繋いでいることに、大袈裟でなく感動を覚えます。あと一〇年、時間があれば、親子三代、丹沢との繋がりを見ることができるかも知れません。楽しみでもあり、人生の時計に諦めもあります。

バーベキューの跡

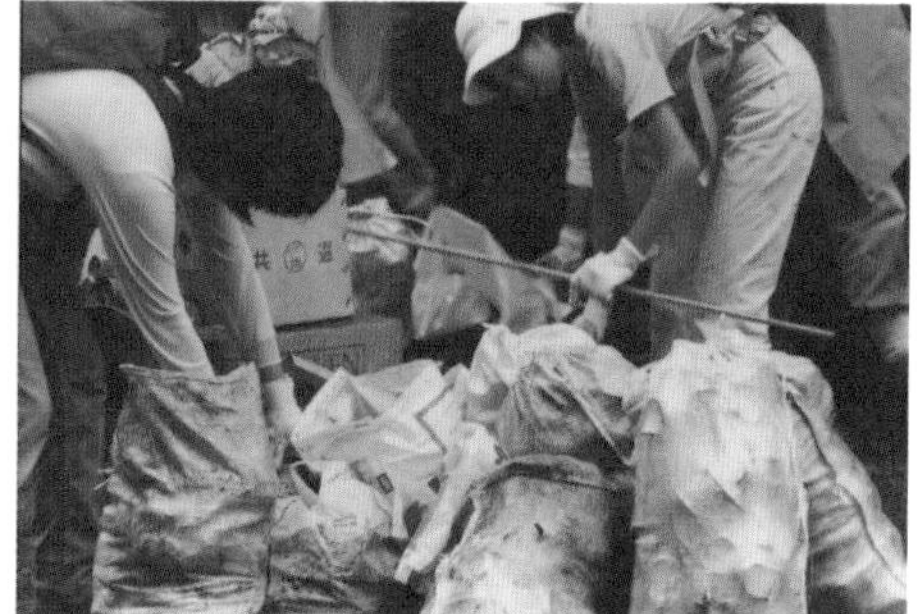

4日間で集めたゴミは2tトラック2台分を越える

青山学院「緑信会」丹沢ホーム玄関前の道路上にて

青山学院
「緑信会」
ワークキャンプ

丹沢の「ゴミ持ち帰り運動」の先駆けとなった。子どもたちの夢は「緑の森、綺麗な水、美しい丹沢」（1970年代）

まだ乗せられますか？

どんな小さなゴミも見逃さない

時代と共に増加した家庭産廃、冷蔵庫

タイヤから古本まで、不法投棄

青山学院に負けじと始めた協会・中村の清掃活動。どこまで清掃しても終わりが見えません。片づけても片づけても、土日が好天なら月曜日はゴミの山の繰り返しです。その上、現在と違うのは林道の利用や乗り入れがフリーパス。そのため塩水、本谷の各林道沿線の川原は格好のキャンプサイトでした。中には渓流の中に簡易トイレを設置し、水洗トイレと鼻高々のキャンパーがいたほどです。

そこで我々の清掃は、各林道を含めた県有林の範囲、宮ケ瀬方面は塩水まで。ヤビツ峠方面は地獄沢までと決め、そこから先はヤビツ峠駐車場周辺だけに限定し、ゴミがあっても目をつぶることにしました。それから二〇年余、ゴミの量は格段に減りました。ゴミの量が減少した要因はさまざまですが、市民団体から始まったゴミ持ち帰り運動が神奈川県主催となり、周辺市町村、多くの企業が清掃活動に参加するPR効果が大きかったと思います。もちろん丹沢へ入る人たちのマナーの向上もありますが、丹沢地内の放置ゴミ減少は、各林道の入り口ゲート施錠による一般車両閉鎖が最も大きな効果を発揮しました。

アウトドアブームになり多くの人が自然に触れる機会が増えました。しかし、一部の不心得者のために規制が強まり、その結果が元の綺麗な姿に戻るのでは、ある意味とても悲しいことです。川原に山のように積まれたゴミを見て、かつて心の中で「帰りに東名で事故って死ね！」などと呪文を繰り返した大量のゴミ放置は少なくなりました。しかし、道路沿いに投棄される産業廃棄物は逆に増加していきました。

この産廃不法投棄がその後、減少した要因は丹沢を貫く唯一の県道七〇号線（秦野～清川線）の出入り口や札掛橋、ヤビツ峠に設置された市町村や土木事務所の「監視カメラ」でしょう。この監視カメラについては、監視社会のようで好きな設置物ではありませんが、犯罪抑止同様にゴミのポイ捨て、中でもトラックでの産廃放棄には絶大な効果を発揮しています。現に一〇年ほど前になりますが、丹沢ホームの近くへ投棄された大量の自動車廃棄部品がありました。警察に電話すると、すぐにゴミを調べに来ました。そして道路に設置したカメラで確認、電話をしたその日のうちに投棄者を特定し、数日後には警察同行で犯人が投棄物を回収に来ました。

お巡りさん曰く「罰金が安すぎ…処理業者に持ち込む経費より罰金の方が安いんだから」「中には会社の敷地が狭いから、一時的にそこに置いた…なんて言い訳する奴もいる」と言います。

お巡りさんとの駄話は交番のお巡りさんへの挨拶同様に市民との意思疎通手段の一つです。でも最近は話しかけても無視するお巡りさんが増えました。お巡りさんだけを責められませんが、社会的にはちょっと怖いですね。都会では監視社会のようで抵抗のある監視カメラですが、変な犯罪も多い昨今、ある意味、必要不可欠か…とも感じるようになりました。

「全国自然保護連合」の発足

一九五〇（昭和二十五）年代後半から、六〇年代にかけて「四大公害病」と呼ばれるイタイイタイ病、水俣病、四日市ぜんそく、第二水俣病が発生しました。

経済発展の陰で国民の健康が損なわれ、全国の有名観光地では、公共事業の名の下に森は引き裂かれ、渓は埋められ、自然を万人にと言う美名のもとに観光開発が進められました。国は一九六七（昭和四十二）年に公害対策基本法、一九六八（昭和四十三）年に大気汚染防止法、騒音規制法を制定しました。

全国自然保護連合会総会であいさつする甘利正氏

一九七一（昭和四十六）年一月、日本自然保護協会が主催し、「自然保護憲章」制定を促進するための会議が開催されました。しかし、参加していた関東の関係団体の間では、「何をいまさら」という空気もありました。それは五年前の一九六六（昭和四十一）年の国立公園大会において、「自然保護憲章をつくろう」という決議がされていたのです。

「破壊が進んでから自然保護憲章をつくって何を守るつもりなのか」という声もあがりました。参加していた中村芳男も、「児童保護の法律があって児童憲章が生きるように、自然保護憲章をつくっても自然保護の法律がなければ憲章が守られる裏づけがない」という主旨の意見を述べました。必要なことは「自然破壊を現実に止めることのできる機関」でした。

そこで、中村は、全国の自然保護運動の連合体で「横のつながりをつくる」ことを提案しました。一九七一（昭和四十六）年六月十三日、丹沢札掛の丹沢ホームに全国一〇ブロック八四団体が集結し、「全国自然保護連合」が発足しました。初代理事長には中村芳男が就任。

「自然保護の旗持ちであること、老境に入った自然保護運動の先達と、いま熱心に保護運動をすすめる若者たちとのつながりを断たぬよう、人間の欲があるかぎり続くであろう『終りなき闘い』の先頭となるつもりである」と誓いました。

結成から一年後の一九七二（昭和四十七）年には、全国自然保護連合が編者となり、「自然は泣いている　自然破壊黒書」と題した写真集を発行。大雪山、尾瀬、富士山、霧ヶ峰、上高地、そして水俣……。全国各地で起きている自然破壊を、生々しいカラー写真とレポートで伝え訴えました。

全国自然保護連合の会長には、芳男たっての希望で、朝日新聞の荒垣秀雄氏に就任をお願いしました。荒垣氏は、朝日新聞の「天声人語」を一八年書き続け、日本自然保護協会理事や自然公園審議会委員、日本ペンクラブ理事などを務める人物です。芳男の依頼に、荒垣氏は最初専門家ではないからと断りました。しかし、熱心な誘いに会長を受諾しました。

同年七月一日、環境庁が誕生しました。しかし、世の中は環境保護を謳いながらも経済成長最優先の時代でした。後発省庁である環境庁は国民の声を背負いながらも、「環境を守る」という声は抑えられ、その力を発揮することはできませんでした。

環境庁発足直後に「尾瀬の車道問題」が起きました。ある時、中村芳男宛に尾瀬の山小屋「長蔵小屋」の二代目平野長英氏より手紙が届きました。芳男は息子の道也に「読んでみろ」…と。渡された手紙は筆書きの達筆な長い巻紙の手紙でした。そこには尾瀬で車道建設反対に取り組む息子（長靖）さんのことが書かれ、息子を助けて欲しい…と記されていました。芳男がすぐに行動したのは言うまでもありません。その後、平野長靖氏から「東京で反対のための集まりを開きたい」と伝えられました。車道建設に反対する会の名称は「尾瀬の自然を守る会」と決まり、後日、東京の虎ノ門で、発会式が開かれました。

日本自然保護協会の理事や、国立公園協会からは千家哲麿理事長が参加。千家理事長は、「当初、尾瀬の道路計画に賛成したのが私共の審議会なのです。あの頃はモータリゼーションがこのように目覚ましくなるなどとは考えもしませんでした」と不明を詫び、「これからは尾瀬を開発から守ることをお約束します」と語り、会場から大きな拍手がわきました。

大石環境庁長官は、尾瀬を視察し道路計画中止へと舵を切りました。後日、中村芳男は大石長官について、「われわれの意見に耳を傾け決断されると直ぐ手を打たれた。ただし、やりたくてもできぬことは率直に言う…」日本の環境行政の黎明期を築いた誠実な政治家と評しました。

全国自然保護連合の総会は、全国八五団体から二五〇人が参加。大石長官の出席もあり、丹沢から始まった自然保護の動きは全国へと広がりました。その一か月後の十二月一日。予想もしない訃報が、丹沢ホームにもたらされました。尾瀬の平野長靖氏が雪の三平峠で遭難死したのです。平野氏が命がけで建設中止を訴えた道路は、大石長官の働きや世論の盛り上がりで、建設中止の方向へ向かっていた矢先。わずか三六歳という若さでした。

そして、その三年後、一九七四（昭和四十九）年六月五日「自然保護憲章」が発表されました。

中村が関わりを持った自然保護運動の地域は、北は北海道から西は西表島まで全国に及びます。

丹沢自然保護協会と日本野鳥の会神奈川支部が合同で実施した年二回の北海道研修ツアー、斜里町で宿泊した時です。みんなで食事をしている場所に、「来るなら来ると何で言ってくれないのか」と議員さんや役場の方がお酒を持って挨拶に来ました。「知床では（一〇〇平方メートル運動で）中村さんには言葉にならないくらい世話になった」と言います。私をはじめ参加者一同、運動に至る経緯や詳細は把握しませんが有り難くご馳走になりました。

3　丹沢の代表的野生動物ニホンジカ

シカ猟解禁

狩猟期であっても丹沢ではシカは非狩猟獣とされ保護されていました。一九七〇（昭和四十五）年、丹沢のシカ猟が解禁されることになりました。十二月十五日発行の「丹沢だより」一三号では、協会副会長の柴田敏隆が巻頭言として次のように記しています。

「丹沢のシカ猟解禁が、この十二月に迫って、またまたジャーナリズムをにぎわすようになった。ジャーナリズムの扱いは、今に至るも、狩猟家側をタカ派、保護側をハト派ときめつけて、紙上で激しく対立させるものが多い。（中略）我々は事態を正しく認識し、いたずらにジャーナリズムのせん動に乗らぬよう、地元の人々にプラスになるよう、シカの種族保持にも効果があり、更に我々自身、丹沢の自然を愛する者として納得と満足のいくよう、この問題に対処しなければならない」

雄鹿:10月

また、同じ「丹沢だより」一三号に、三浦半島自然保護の会会長の金田平氏は、「シカの解禁に当って」という文章を寄せている。

「昭和三十五年、禁猟あけを待っていた猟友会が解禁の陳情をした時は、我々も強力に解禁に反対したものだった。丹沢にはもっとシカが生息しうる筈だということと、二十八〜二十九年の乱獲ぶり、その後の密猟の情報、そして何より、無策のままの解禁を危惧したからだった。生態学的に実態を把握してからにすべきだと主張したわけだ。実際には、美しく愛らしいシカは、自然公園丹沢の重要な要素である。こうして一五年の禁猟の効果と中村先生はじめ熱心な人々の努力が実り、今では登山者たちが安定してシカを見られるようになった。

だが、これと共に植林への被害が騒がれだし、県はその対策に悩まされる事態が生じた。植林への被害が目立つということは、許容されるシカの生息数を超えていると考えられました。動物の数が平衡に保たれるためには、生まれる数と死ぬ数がほぼ同じである必要があり、現在明らかにシカは『生まれる数』が多い」

金田氏は続けて記します。

「シカの場合、本来オオカミがそのコントロールの役割を担っていたとされている。（中略）オオカミが絶滅した現在では、コントロールを人間が行うより他に方法がなく、我々は間引きに賛成した。しかし銃殺は可愛想との世論特に小学生らの嘆願で手法は生け捕りとされ、今に至った」

シカの増加による食害を防ぐには、餌を与えるという方策も考えられました。しかし、餌付けるということは、奈良公園のシカや高崎山のサルのように、飼いならされた獣になることです。金田氏は述べています。

「我々が今、丹沢のシカに求めるものは、野性味豊かなシカではなかろうか。従って保護事業として行っている給餌についても、その適量について充分な考察がなされる必要がある」

増えすぎたシカを減らす必要は認識しながらも、今やスポーツとなった狩猟を全面解禁することには抵抗がある。とはいえ餌を与えて飼い慣らされたシカは望まない……。シカ問題について、当時の会員たちの迷いがうかがえます。

シカ猟解禁を前に、神奈川県は東京農工大学自然保護学教室に基礎調査を依頼しました。調査は一九六八（昭和四十三）年秋から行われ、主にシカの個体群の動態に関する報告をまとめました。調査によれば、一九六九（昭和四十四）年春の理論値で、丹沢に棲むシカの数は九八八頭。丹沢全体としては一四〇〇頭くらいまでは許容できると考えられますが、現在は七〇〇頭程度にとどめておくのが安全だと報告されています。つまり、二八八頭が駆除の対象と考えられます。

この報告をもとに、シカ猟の管理計画が発表されました。狩猟者には厳しい制限ですが、ルールが守られることでシカを守ることに繋がります。ところが、シカ猟が解禁されると早くも密猟が横行するようになります。

「シカの密猟が横行

神奈川県の丹沢大山国定公園内の特別保護区域で、悪質ハンターによるシカの密猟が半ば公然と行われ、地域行政や地元警察では、これを重視し無法ハンターの実態調査と摘発に乗り出す」とした。

（昭和四十四年一月十九日「毎日新聞」）

野生動物が棲息　丹沢のシカを考える

丹沢の野生動物の象徴ともいえるシカを守る活動は、自然環境をはじめ丹沢のさまざまな問題を考えることに通じます。一九七〇（昭和四十五）年十二月にシカ猟が解禁されて以来、繰り返される密猟が問題となっていました。八〇年代になると、密猟に加えエサ不足などにより、丹沢のシカの数が減っているのではないかという議論が活発にされるようになりました。

一九八〇（昭和五十五）年五月には、自然保護に関わる学生を中心に「丹沢のシカを考える会」が結成されました。会の目的は、定期的に情報交換を行い、丹沢のシカに対する理解を深め、人間とシカの共存の道を追求することでした。同年十二月下旬には、同会員らのべ二〇〇余人が参加し、札掛・唐沢地区の県有林を中心に約二五〇〇ヘクタールにわたって、大がかりなシカ生息密度調査を行うなどの活動をしました。

メンバーは東京農工大学古林研究室、東京農業大学自然保護研究会丹沢班、麻布大学動物研究会、日本大学農獣医学部自然保護研究会野生動物班の学生たちでした。

一九八三～八四（昭和五十八～五十九）年の冬、丹沢はかってない大雪になりました。一九八四（昭和五十九）年五月発行の「丹沢だより」一七四号には、現会長中村道也の「野生動物にエサ……？」と題した文章を掲載しています。

ヤビツ峠にあらわれた鹿の子模様（夏毛）のシカ

『丹沢のシカの数が急速に減っている』これは私だけでなく、山で働く人たちでさえ知っています。毎年三月から四月初旬ごろ、林道や谷川の近くでシカの子ども（前年に生まれたもの）の死体をいくつも見つけます。それらはみんなガリガリで骨と皮だけというような姿なのです」

餓死以外に、密猟の「くくりわな」にかかって死んだ子ジカを見つけ、さらに周辺にかけられた三本のくくりわなを取りはずしたことも報告しています。また、シカから植林地を守るための防鹿柵が、「シカの数が減少するのとは反対に増えつづけ、場所によっては万里の長城のごとく尾根から谷へとつながりはじめた」と記し、「成長した植林地の防鹿柵は順次はずしてもいいのではないでしょうか」と提案しています。

丹沢のシカは、狩猟（密猟）に加え防鹿柵によるエサ不足、特にこ

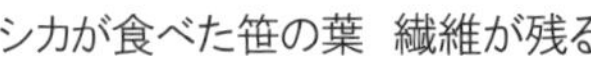
シカが食べた笹の葉　繊維が残る

雪の中の鹿

の年の冬は大雪により枯葉さえ食べることができない究極のエサ不足という深刻な状況にありました。

「野生動物に餌を与えるな」と言う学者や研究者は大勢います。しかし、その人たちから「野生動物の生息環境を守ろう。整えよう」という言葉を一度も聞いたことがありません。野生動物の生息環境が劣悪なままに、エサを与えるなという原理原則だけを振りかざすことに、人間の傲慢さを見る思いでした。

「この冬、シカに餌を与えました。野生動物に人間が餌を与えることに多少の抵抗はありますが、そうしなければならない理由や、殺す人間に比べればとか、自分を常に正当化して、毎日餌を運びました。（中略）シカへの給餌は雪が溶けるまで、もう少し続けたいと思っています」

しかし、給餌にもかかわらず、やはりシカはつぎつぎと死んでいきました。

「給餌の最中、つぎつぎと数が減っていった。雄ジカの死にはじまり、子ども、母親とどんどん姿を消していった」と、東京農工大の古林賢恒氏が「丹沢だより」一七九号で報告しています。その要点は以下の通りです。

① シカが好んで食べるのは、スズ（笹の葉）のほか、常緑広葉樹のアオキ、ウラジロガシ、ヤブツバキ。

② 防鹿柵第一号は昭和五十二年設置の金林沢左岸のもの、昭和五十五、五十六年の二年間に現在の五〇％強が一気に設置され、一九八四（昭和五十九）年には約六〇ヘクタールが囲われている。

③ 死んでいたシカを解剖すると、すべて貧栄養状態から来た衰弱化「餓死」

であった。

この調査を踏まえて、「丹沢だより」編集部は、八月中旬に神奈川県自然保護課、県立自然保護センター、県有林事務所に対し電話インタビューを行いました。その結果、行政として、「シカの死亡数等の調査はまったくしておらず、丹沢のシカの生息数は七〇〇～九〇〇頭で変動していないと捉えている」という答えでした。しかし、この年、札掛地区だけでも約四〇頭のシカの死体が見つかっていました。人間の目に触れない死体もかなりあると考えられ、死亡数はこれをかなり上回ると推定されます。また、県有林事務所は防鹿柵の撤去を「考えていない」とのことです。

「丹沢だより」編集部は、こう記しています。

「山の動物たちも神奈川県民であることを忘れないでほしい。彼らの生命は神奈川県の貴重な財産であるのだ。県に対して、一刻も早くシカをはじめとする野生動物の生息状況の調査とシカ等の適正なコントロール方法の研究を始めるよう要請したい」

神奈川県に野生シカ保護に関する要望書を提出

一九八四（昭和五十九）年十一月十日、丹沢自然保護協会は、神奈川県知事に「シカ猟解禁の再検討について」と題した要望書を提出しました。その要旨は次の通りです。

・丹沢山塊では昨年から今年にかけて、大雪のため多数のシカがエサ不足により餓死した。本会の調査だけでも約四〇頭の死体を確認。
・例年どおり、シカ猟が解禁されると、シカの生息に壊滅的な打撃がもたらされると憂慮している。
・今年度の猟期を前に、丹沢における生息個体数の正確な調査を行ってほしい。

猟が始まると安全圏に逃げて来る

・その結果を十分考慮して、捕獲許可数を決定してほしい。
・正確な調査が不可能な場合、猟の許可を中止するよう要望する。

しかし、この年は、個体数の確認はなく、シカ猟が解禁されました。翌一九八五（昭和六十）年十月二十日、丹沢自然保護協会は再度要請書を神奈川県に提出しました。今年度の猟期を前にシカの生息個体数の正確な調査を要請し、その結果を十分に考慮して捕獲許可数を決定されること、調査が不可能なら猟を中止することを、あらためて要望したのです。

これに対して、県環境部長より、『「丹沢山塊におけるニホンジカ生息実態調査』を東京農工大学古林賢恒氏に委託実施する」こと、また猟区設定者に対して、「シカの生息実態を勘案のうえ、今猟期におけるシカの捕獲について特段のご配慮」を要請することを回答してきました。「猟区設定者」については、結果的に山北町三保猟区のみが、入猟日数を減らして対応したと聞きました。

一九八六（昭和六十一）年十月六日、その年の猟期を控え、協会は神奈川県に対して質問書を提出、以下の二点を質問しました。

① 調査結果はどのようなものであったのか。

② 調査結果をふまえて県当局としては本年度猟期にどのような対応をするのか。

質問書に対して、十月三十一日、県の自然保護課二名が訪れ、古林氏を交え協会と懇談会を持ち、口頭で以下のように回答がありました。

① 古林氏の調査結果については、一九八七（昭和六十二）年一月末までに印刷して公表する。

② 今年度のシカ猟への対策としては、シカの数が減っていることを前提に、

（イ）猟区においては猟の抑制を指導する。

（ロ）密猟の取り締まりを強化する。

（ハ）有害鳥獣駆除の申請については慎重に対処する。

これを踏まえて、協会は十二月に県に「丹沢のシカ保護に関する要望」を提出しました。要望したのは以下の五点です。

① シカの生態について継続的な調査を実施すること。

② 各猟区に対し、シカの生息状況をふまえた経営を行うよう指導すること。

③ くくり罠等による密猟に対する取り締まりを強化すること。

④ 豪雪時のシカの餓死防止のため給餌体制を確立すること。

⑤ 自然公園内の森林施業にあたっては、シカ等の野生動物との共存について十分配慮すること。

要望書を手渡した県の環境部長は前向きな姿勢を示しました。この件は翌日の朝日、読売、神奈川新聞各紙で大

きく報道され、話題を呼びます。そして、協会としても、県へ要望するだけでなく、シカ保護のためできることをしていこうと「くくりわな防止キャンペーン」等を行いました。

一九八八（昭和六十三）年六月には、防鹿柵を一部実験的に解除するための初会合が開かれることになりました。丹沢自然保護協会、日本野鳥の会神奈川支部、丹沢のシカを考える会の三団体は、「シカ問題連絡会」を結成。県自然保護課、県有林事務所の代表と話し合いました。東京農工大学の古林氏から、シカの生息条件や柵解放の方法について説明があり、それに対して質疑、意見交換が行われました。林業側としては、「食害が出れば有害獣とみなさざるを得ない」という意見ですが、話し合いの結果、実験的解除に当たっては、以下のようになりました。

① 食害が起こりにくい時期（五月末～十二月初旬）には開け、越冬期には締め出す。越冬期には給餌する。
② 年中開放する。柵内には常緑性の食餌植物を混植する。

の二通りが考えられ、一～七年生の下刈りが行われる幼齢林と、八年生以上の林地では違った対応が必要である。

その後、一九八八（昭和六十三）年、八九（平成元）年十一月、「シカ密猟防止キャンペーン」を実施しました。またシカの冬場の主なエサになるスズタケの分布調査をするなど、丹沢のシカを守る活動は、各大学や研究機関と協力し丹沢自然保護協会の活動の柱となりました。

協会の原点とも言えるのが、シカの保護活動です。一九八〇年代後半から一九九〇年代にかけて、エサ不足や密猟など、シカを取り巻く自然環境が急速に悪化する中、協会では地道な取り組みが、さまざまな形で行われました。

茶殻を集める運動（一九八〇年代後半～一九九〇年代前半）

「丹沢から離れていても、命に繋がることを考える学習材料として、食糧不足のシカに餌」

一九八〇年代後半になると、冬場のシカのエサ不足が深刻化し、栄養不足で餓死するシカが増加しました。何かいい方法はないか。そこで思いついたのが、「茶殻」の活用でした。緑茶を飲んだ後に出る茶葉には栄養が残っていて、十分とは言えなくても、幾分かはシカの腹の足しになり得ます。そこで、丹沢ホームでは飲み終わったお茶殻を集めて陽に干してよく乾かし、冬の山に置くようになりました。中村が新聞の取材を受けた時に「シカのために茶殻を集めている」と話し、その言葉が記事になって出ると、賛同した人たちが全国から茶殻を送ってくれるようになりました。協力者が多いので専用の名簿が作られたほどでした。「丹沢だより」二六四号（一九九一・十一）には次のように書かれています。茶殻集め活動には環境教育としての側面も大きかったと言えます。

「今年も冬の鹿の餌不足を補うための茶ガラがたくさん集まっている。千葉県のある人は一度に三〇キログラムも運んできてくれる。もちろん茶ガラだけで丹沢の鹿の命が助かるなどとは思っていないが、生息環境をここまで悪化させてしまったせめてもの償いになるのではないか。茶ガラを山に置いたからといって、鹿の命が助かるわけではないだろう。密猟者一人を捕まえたからといって、鳥獣行政が変わるわけではないだろう。そうあってほしいと思っても、容易でないことは誰もが知っていることである。

いつも茶ガラを送ってくれる学校の先生が『茶ガラを集めることに意味があるんですよ。子どもたちが茶ガラを通して、生きものの命の大切さに気がついてくれれば、と思うんです』と言っていた」

まさに捨てる茶殻から考える「命の学習」です。お茶殻を与えずともシカが生きていける環境、それが一番大切です。そこへ行きつくまで、お茶殻を与え続けます。

神奈川県で野生シカ保護管理が計画実施するまで、お茶殻を送り続けて下さった方々は全国に及び、個人、学校、団体、企業と六百を超えました。

お茶殻給餌を止めた現在も、会員として協会を支えてくださる方々がいます。

学生たちの調査活動

ニホンジカの生活～定点観察の思い出

佐々木美弥子

　今から三五年以上前、東京農工大学の古林賢恒先生の研究室に入った私は、研究室の仲間とニホンジカの調査活動に明け暮れる日々を過ごしました。女郎小屋沢右岸の幼齢植林地に出現する成獣メスに首輪型発信機を装着し行動追跡する調査が始まり、調査の合間に対岸の尾根に定点を構え直接観察を行いました。その記録から垣間見たシカの生活です。首輪ジカ以外のシカについても夏毛の間は白斑模様と臀部の模様から個体識別を行いました。

【春】　緑豊かになる六月始め、生まれたばかりの小さな仔ジカが元気に走り回る姿が見られます。草や土の臭いを嗅ぎ好奇心いっぱいです。母ジカのお腹を盛んにつつき夢中になってお乳を飲み、満足して首を引っ込めるまで母ジカは仔ジカのお尻を優しく舐めてやります。

【夏】　七月になり母ジカや姉妹ジカと一緒に採食するようになると、お乳をねだっても早々に母ジカが前進し中断されるようになり、自立への一歩が始まります。仔ジカは他の群れの仔ジカとじゃれ合い、追いかけたり追いかけられたりして思い切り遊ぶと、最後はそれぞれ母ジカのところへ戻ります。この時期は餌が豊富で母仔グループが一〇頭前後観察されることも珍しくありません。親子や姉妹で毛づくろいして仲睦まじい様子も見られます。

【秋】　九月にラットコールが聞かれ始め、十月になると成獣オスが現れます。オスは発情期で気が立っており、荒ぶる感情をもてあますような特有の激しい行動が見られます。前足で土をかき、枯れ葉に顔を突っ込み草を噛み切り角を振り回したかと思うと、鼻先を上げ「キュ～ン」とちぢこまった声を発します。首や角を何度も地面にこすりつけ、ラットコールを発することもあります。オス同士が前脚で土を蹴りながら角を振り回し威嚇し合います。角を合わせてにらみ合うと後ろ脚で踏ん張ります。一方のオスが逃げて決着がつきますが、相手を見るだけで逃げてしまうオスもいます。

袋角の雄鹿

【紳士的?なオス】 オス同士の激しい戦いとは異なり、メスに対しては控えめな行動をとっていました。仔ジカが自分の近くに来ても、追いかけることもありません。母仔グループが採食・休息を繰り返すのを妨げることなく、つかず離れずの距離で見守りながら追随し、チャンスをねらいます。何時間もかけてやっとメスの背中に前脚を乗せては下ろすという動作を何回か繰り返し交尾に至ります。オスから走って逃げる母ジカを仔ジカが追いかけ、母ジカのお腹をつついて授乳を求めます。人間の幼児が不安になると母親のおっぱいを求めるのと似ているなと思いました。十月中旬以降観察されるシカは〇～五頭とかなり少なくなります。オスジカの出現で落ち着かない様子で尾根の裏側へ逃げる母仔の姿が見られました。落葉し餌が少なくなることも影響していると思われます。

【冬】 十一月下旬からオスがいなくなり静かになります。シカの数は〇～三頭とかなり減少しました。隠れ場となった広葉樹がすっかり落葉して見通しが良くなり、餌となる植物も激減します。首輪ジカは、冬季は尾根の裏側のスズタケのある場所にいることが多くなり、他のシカも同様と思われました。雪が積もると、ススキの枯れ葉の中に鼻を突っ込んだり、林縁にわずかに残ったスズタケを食べたりします。冷たい風が身に沁みて、お日様のぬくもりがありがたく感じられます。背中に日を浴び休息していたシカたちは、太陽が傾き日陰になると、立ち上がって採食を始めます。これから春まで厳しい季節が続きます。

【親離れ】　出産前の五月下旬、気が立っているのか、母ジカが別の母ジカを威嚇したり、自分の二歳や三歳になる仔を追い立てたりします。母ジカが単独でいたり、姉妹ジカが母ジカなしで行動していたりすることもあり、出産を機に親離れしてグループの構成が変わっていく様子が見られました。しかしそのパターンはいろいろで、早々と親離れする場合もあれば、三歳になり出産した後も、母ジカグループと一緒に行動する場合もあり、人間の家族にもいろいろあるように、シカの家族にもいろいろあるようでした。母ジカや仔ジカたちの性格もそれぞれ違うでしょうし、決まりきった法則はないのが当たり前なのかもしれません。母ジカを中心にグループそれぞれの家族の歴史が刻まれて行くのだなあと感じました。

【分からないことだらけ】　定点観察といっても、観察日数は一年のうちのほんの少しで、林の中の行動や、夜の行動も分かりません。冬毛になれば個体識別も困難になります。分からないことだらけです。私の学生時代と違って今は調査技術もかなり向上し、動物の負担にならないやり方でさまざまな調査が行えるようになっていると思います。シカの生活についてもこれからどんどん新しいことが分かってくるのではないでしょうか。楽しみです。

【定点の足元で】　対岸ばかり観察していましたが、四季を通して同じ場所に長時間じっと座っていると、足元にもいろいろな生き物たちがやってきます（これについては「丹沢だより」四一七号　二〇〇五・三で書かせていただきました）。数えきれない生き物たちが淡々と懸命に生きている中に身を置き、自分も一つの命として一緒に生きていることが愛おしく、訳もなく感動しました。

【今思うこと】　あれから三〇年以上たち、今はあのシカたちの子孫が暮らしていることでしょう。山はどうなっているでしょうか。秋田で暮らす私は、その後、丹沢に関わることなく仕事や子育てに追われ、山から離れてしまいました。いろいろ言える立場にはないのですが、シカたちの生活を垣間見て、私が感じたことです。

「シカの頭数を管理する」を「増えたら駆除すればいい」というような意味で短絡的に考えるのはちょっと違うかな、と思うのです。駆除による頭数管理を考える前に、そうしなくてもよい環境をつくって行けないかな、どんな森をつくっていけばいいのかな、と考える。シカの食圧による森林破壊を招かないような豊かな森、それは実際には困難で大変なことかもしれません。でもいろいろな生き物たちの生活に思いを致し、知ろうと努力し、調査・研究しながら、みんなで豊かな森をつくっていくのは、ワクワクする素晴らしい試みだと思います。

丹沢にはそれができる仲間がいて、丹沢が大好きな子どもたちがいることがとても心強く、羨ましいです。遠く離れた秋田にいるからこそ、丹沢に関わる皆さんがどれだけ素晴らしかったかがよく分かります。

「空に鳥、森に獣、川に魚を」

「さまざまな命が豊かに暮らす森、丹沢」

大好きな丹沢をこれからもずっと応援しています。

冬を生き延びた雄鹿「花子」

第2章

多様性実現の保護運動

1　丹沢フォーラム

丹沢の自然環境を学ぶ丹沢フォーラム　市民も行政職員も参加（一九九二〜一九九六年）

丹沢フォーラム・横浜座学（古林氏）

一九九〇年代に入ると不動産の価格が急騰し、日本中がバブルの好景気に沸きました。お金に余裕のある人が増えたためアウトドア・レジャーが盛んになり、丹沢にも４ＷＤ車で乗り入れて釣りやキャンプを楽しむ家族連れやグループが増えてきました。それに伴い、自然の中でのゴミのポイ捨てなど、環境に影響を与える行為も多く見られるようになりました。その一方で、日本の社会全体で自然環境に対する関心が高まったのもこの頃からです。一九九二（平成四）年六月にブラジルで開催された「環境と開発に関する国連会議（地球サミット）」は、そのきっかけの一つとなりました。それまでの自然保護活動は登山をきっかけに自然環境に関心を持つ人が多かったのですが、関心を持つ人の幅がより広がりました。そうした時代の変化を受け、協会の中から「環境に関心のある人たちに、丹沢の自然について知ってもらうための勉強会を開催してはどうか」という意見が出てきました。そこで、学生を連れて丹沢で調査をつづけている東京農工大学の古林氏を中心に、タイトルは「丹沢フォーラム」としました。

一九九二（平成四）年十二月六日に神奈川県民ホールで第一回丹沢フォーラムを「いま丹沢を救うために」というテーマで開催しました。入場無料で誰でも参加可能と呼びかけたものの、どれくらいの人が参加するのか予想できなかったのですが、二〇〇名の定員に対して約三〇〇名が来場し、自然保護に関心を持つ人の幅の広がりを改めて浮き彫りにしました。その多くは神奈川県在住の一般市民でしたが、丹沢の自然について学びたいという首都圏市民、神奈川県職員の参加も多く見られました。

当日は、東京農工大学の本谷勳名誉教授、諸戸林業株式会社の三橋裕文氏、協会からは奥野幸道と中村道也の二人が登壇し、それぞれの立場から見た丹沢の価値や魅力、解決すべき課題について講演を行いました。

好評を博した丹沢フォーラムは、翌年の一九九三（平成五）年五月九日に第二回が開催され、以後は半年に一回のペースで開催されるようになり、一般市民に混じって県の職員が参加することも恒例となりました。第三回以降のテーマは、主に野生動物の保護に焦点が当てられるようになり、第三回はアフリカ、第四回ではポーランドなど、海外における野生動物保護の取り組みも紹介されました。開催を重ね、丹沢の自然や野生動物について課題を論じるなかで、丹沢だけでは解決できない課題が多くあることも分かってきました。

一方、神奈川県の丹沢大山自然環境総合調査が一九九三（平成五）年にスタートしてほどなく、丹沢の自然の荒廃が予想以上に進んでいることが明らかになってきました。一九九七（平成九）年のプロジェクト終了を待たずして、早急なアクションが必要と考え、一九九六（平成八）年三月十日に、第七回丹沢フォーラム「緊急アピール明日の丹沢のために～二十一世紀への提言」を開催しました。協会の中村道也副会長は「山は泣いている」と題した講演を行い、とりまとめの段階に入った丹沢大山自然環境総合調査は相当シビアな結果が予想されること、丹沢の自然は急激に荒廃しており、「木も草も土も、野生動物も瀕死の状態にある」ことから、「今が丹沢を救うラストチャンス」と訴えました。

丹沢大山自然環境総合調査に調査団メンバーとして参加している日本獣医畜産大学の羽山氏は「絶滅の道を歩む

シカたち」と題した講演を行い、冒頭で参加者に語りかけました。
「これまで各種の調査を通じ、丹沢の生態系について、残念ながら私たちの想像をはるかに上回る最悪のシナリオが見えてきました」

一頭で四～五キログラムの葉を一日に食べるため、森林を食い荒らす一番の悪者とされてきたシカですが、本来、シカは山ではなく平野に住んでいた動物です。都市開発で山中に追いやられたシカは、昭和三十年代から四十年代の拡大造林で、一時的に餌となる植物の量が増えたため、急激に頭数が増加しました。しかし人工林が育ってくると餌となる植物の量も減り、増えたシカたちはそれまで食べなかった植栽木までを食べるようになりました。シカの増加は山麓部の都市化や大規模な森林伐採で生息に適さない山岳地帯に「閉じ込められた」ことによるものであり、日本全国で報道されているシカの被害は、そうした行き場を失ったシカによるもの。また、丹沢の山は高い標高まで人工林でありシカの餌環境が劣悪であることも調査で明らかになりました。こうした餌不足により、丹沢のシカには胃袋の縮小、体重減少などの影響が見られ、繁殖力の低下を来たしました。さらに丹沢には三つの遺伝子集団のシカが存在することが明らかとなっていて、各集団が孤立せず相互に交流することで子孫を残せるようにしなければ、生物の多様性を保つことはできないと羽山氏は訴えました。

そして、面積が小さくなると種の数が急激に減るため、一定の面積が必要であり、今のように丹沢の高い標高エリアではシカをはじめとした野生動物を養っていくことはできないとして、「富士山、奥多摩など、広い地域に低い密度で野生動物を連続して分布させることが必要」と述べました。

光の入らない人工林は下草が乏しい
シカ管理に並行した手入れが必要

2　緑の回廊（コリドー）

コリドーフォーラム

第七回丹沢フォーラムのテーマとなった「広い地域に低い密度で野生動物を連続して分布させる」ための具体的な手法、それが「緑の回廊づくり〜日本列島縦断コリドー構想」です。この提言を行ったのは「丹沢大山自然環境総合調査」の副団長で、丹沢フォーラムを立ち上げた東京農工大学の古林氏です。丹沢の荒廃やシカの保護について、古林氏と中村は、野生動物の保護や種や遺伝子の多様性を守るため、日本列島を縦断して森を再生し「コリドー＝回廊」を作ろうという議論を重ねていました。

こうして一九九三（平成五）年に発足したのが、「日本列島コリドー構想研究会」です。会員には古林氏の他、羽山氏などが名を連ね、会長には古林氏の推薦で京都大学理学部の河野昭一教授が就任しました。この構想を広く周知させるため、一九九六（平成八）年六月二十九日に第八回丹沢フォーラムの拡大版として開催されたのが「コリドーフォーラム　再生への道＝回廊〜多様な生命を育てる道づくり〜」です。主催は丹沢自然保護協会、後援は神奈川県自然保護協会やＷＷＦ—ＪＡＰＡＮ、日本自然保護協会、日本野鳥の会など五つの団体が名前を連ねました。会場は、東京農業大学が創立一〇〇周年を記念して新設した百周年記念講堂での開設イベントとなりました。

会の冒頭、東京農業大学の松田藤四郎学長が挨拶を行い、続いて中村協会長は「丹沢の自然生態系は一五年前とは全く違うものとなり、シカの被害も多く言われるようになったが、今の状態になったのは人間の責任。森も育ち、動物も生きる山にするためには、丹沢だけでの解決は無理。コリドーで動物たちの生息域を広げ、森林を再生・回復していくのは人間の義務と言えるのでは」と訴えました。（「丹沢だより」三二一号　一九九六・八　開催概要の要約）

講演者は日本列島コリドー構想研究会の河野会長と古林氏、作家で日本野鳥の会理事の加藤幸子氏のほか、林野庁と環境庁の職員の計五名が登壇しました。河野会長はフォーラムの終了後に「日本列島縦断コリドー計画と温帯性落葉広葉樹林の保全の意義と緊急性」という原稿を「丹沢だより」三二四号（一九九六・一二）に寄稿し、コリドー計画の意義について、要約、以下のように述べています。

> 日本のブナ林は過去四半世紀に渡って広域で伐採されてきたが、今も良好な自然度を維持しており、これに勝る規模や自然度の高さは世界の他地域には存在しない。北半球の温帯性落葉樹林の中では国際的に見ても最高級の価値を持つ森林である。こうしたブナ林は、シカやニホンザルなど大型の哺乳動物の生息場所としてだけではなく、「緑のダム」と呼ばれるほど、治山・治水上の優れた機能が備わっている。野生動物の生活圏と、繁殖に有効なサイズを確保するという観点からも、大規模なベルト状の森林をひとくくりにしたゾーンの確保は極めて重要である。

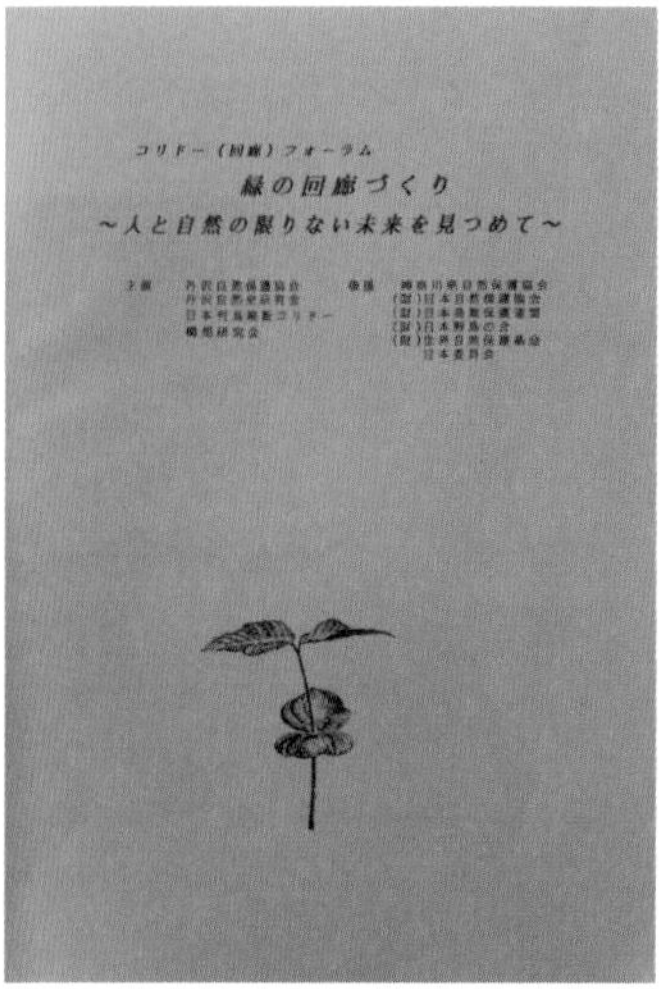

このコリドーフォーラムの参加者はスタッフを除く六三八名と、これまでの丹沢フォーラムで最も大規模な集まりとなり、盛況を博しました。「丹沢だより」三二〇号（一九九六・七）には、開催を振り返って「日本列島全体を視野に入れて、丹沢の自然保護を考えていく状況になった」と書かれており、コリドーフォーラムは協会にとって、活動が新たな段階を迎えたことを示す象徴的なイベントだったと言えます。

コリドーフォーラム資料

また、コリドーフォーラムで提言された構想は、国の行政機関からも注目されました。「丹沢だより」三二三号（一九九六・九）にはコリドーという考え方が、環境政策に少なからず影響を与えたこと

竜が馬場より富士山を望む、丹沢山塊は山梨・静岡へと続いている

が書かれています。

朝日新聞の八月十八日の紙面に、環境庁による静岡・山梨・神奈川三県のコリドー構想が報道された。「寝耳に水」というほどではなかったのだが、少し驚いた。

「コリドー」というネーミングを私たちの専売とまで言うつもりはないが、昨年来、林野庁と並行して環境庁にも何度となく足を運んだ。丹沢発の森林「コリドー構想」を富士・箱根・伊豆、そして山梨につなげていくためである。さらに林野庁との話し合いで、それが関東コリドーへと広がる可能性を見出したかった。

そして、一九九七（平成九）年六月十五日に、第二回コリドーフォーラム「緑の回廊づくり〜人と自然の限りない未来を見つめて〜」が東京農業大学百周年記念講堂で開催されました。講演は前回と同様、日本列島コリドー構想研究会の河野会長と古林氏のほか、東京農工大・本谷勲名誉教授などが行いました。

ブナ・シカ・ツキノワグマの遺伝子調査を実施（一九九七〜二〇〇〇年）

「日本列島コリドー構想研究会」の設立を呼びかけた東京農工大学の古林氏は、生物の多様性を保全するには、遺伝子の多様性を守ることが重要として、「丹沢だより」三三四号（一九九六・一一）に、以下の文章を寄稿しました。

わが国では、シカやサルなどの大型野生動物にとって主要な生息地であった平野部がほぼ全て人間の活動域となったため、現在は山地帯に細々と分布が見られるのみである。かつては、平野部を通じて広く遺伝子の交流があったと考えられるが、現在のような山地帯への追い上げと閉じ込めの状態が今後も続けば、遺伝子の多様性が失われてしまうことは間違いなく、また、いくつかの種の孤立した個体群では現実に絶滅が始まっている。

古林氏は遺伝子の多様性を保持するためには丹沢だけでなく、関東地方を取り巻く山岳地域を対象とした調査が必要と提言しました。具体的には、クマやシカなどの大型野生動物と、こうした動物たちの最後の拠り所となっている温帯林を作り出す広葉樹の代表であるブナの遺伝的多様性について地理的な分布を調べ、「遺伝子地理マップ」を作成するというものです。調査には当然、かなりの予算が必要になりますが、丹沢自然保護協会ではとても捻出することができず、調査対象が県をまたいで広範に渡るため、神奈川県の事業として要望することもできません。

この頃から丹沢フォーラムやコリドーフォーラムなどを通じて、協会と国の行政担当者との接点が増えており、その中で中村理事長が知り合った環境庁幹部職員から紹介されたのが「地球環境基金」でした。地球環境基金は、一九九二（平成四）年にブラジルのリオデジャネイロで「環境と開発に関する国連会議」（地球サミット）が開催されたことを受け、翌年の一九九三（平成五）年に、環境庁を始めとした国の省庁によって創設された基金です。日本の民間団体が国内外で行うさまざまな環境保全活動に対して、資金助成を行っています。丹沢自然保護協会が「神奈川県丹沢山地の自然保護」として申請を行ったところ、一九九七（平成九）年度から三年続けて、計一二一〇万円の助成金を受けることが可能になり、この助成金を使って、古林氏が提唱した遺伝子調査が実現できることになりました。

調査は丹沢のほか静岡県の伊豆地域や東京都の奥多摩地域などを対象に、三年間かけてブナとニホンジカとツキノワグマについて、それぞれの地域で個体の遺伝子構造を調べ、元々その地域に存在していたものか、他の地域と交流したのかなどの調査が行われました。調査には古林氏と古林研究室に所属する東京農工大の学生、他大学の学生たちなどが参加しました。ツキノワグマの調査には北海道の研究者も参加しました。調査は、以下の主要地域は実施しました。

・ブナ（四カ所）：丹沢東部の堂平、神奈川・静岡県境の三国山山頂部、静岡県の函南町、静岡県の天城湯ケ島
・ニホンジカ（五カ所）：丹沢山地、山梨・静岡県の富士山麓部、静岡県の中伊豆、東京都の奥多摩、静岡県西の南アルプス山麓部
・ツキノワグマ（四カ所）：西丹沢地区、東京都の奥多摩、山梨県、静岡県

この調査を行ったことによる成果として、古林氏は以下の四点を挙げました。

① 大型野生動物の遺伝的なまとまりが明らかになったことで、個体群管理の対象となる地域個体群の範囲や集団サイズを科学的に設定できる。
② 現在の大型野生動物と遺伝子の分布が明らかになったことで、ブナ林の復元を含めたコリドーの設置の優先順位が決められる。
③ 遺伝子の多様度と母系集団の地理的分布が明らかになったことで、地域個体群の孤立度や絶滅危険度が推定で

き、野生動物の保護管理対策が効率的に立てられる。

④　地域個体群の孤立度や絶滅危険度が明らかになったことにより、地域個体群ごとに管理オプションが可能になり、被害対策の資金投下の効率が向上する。

この調査結果は一冊の報告書にまとめられました。

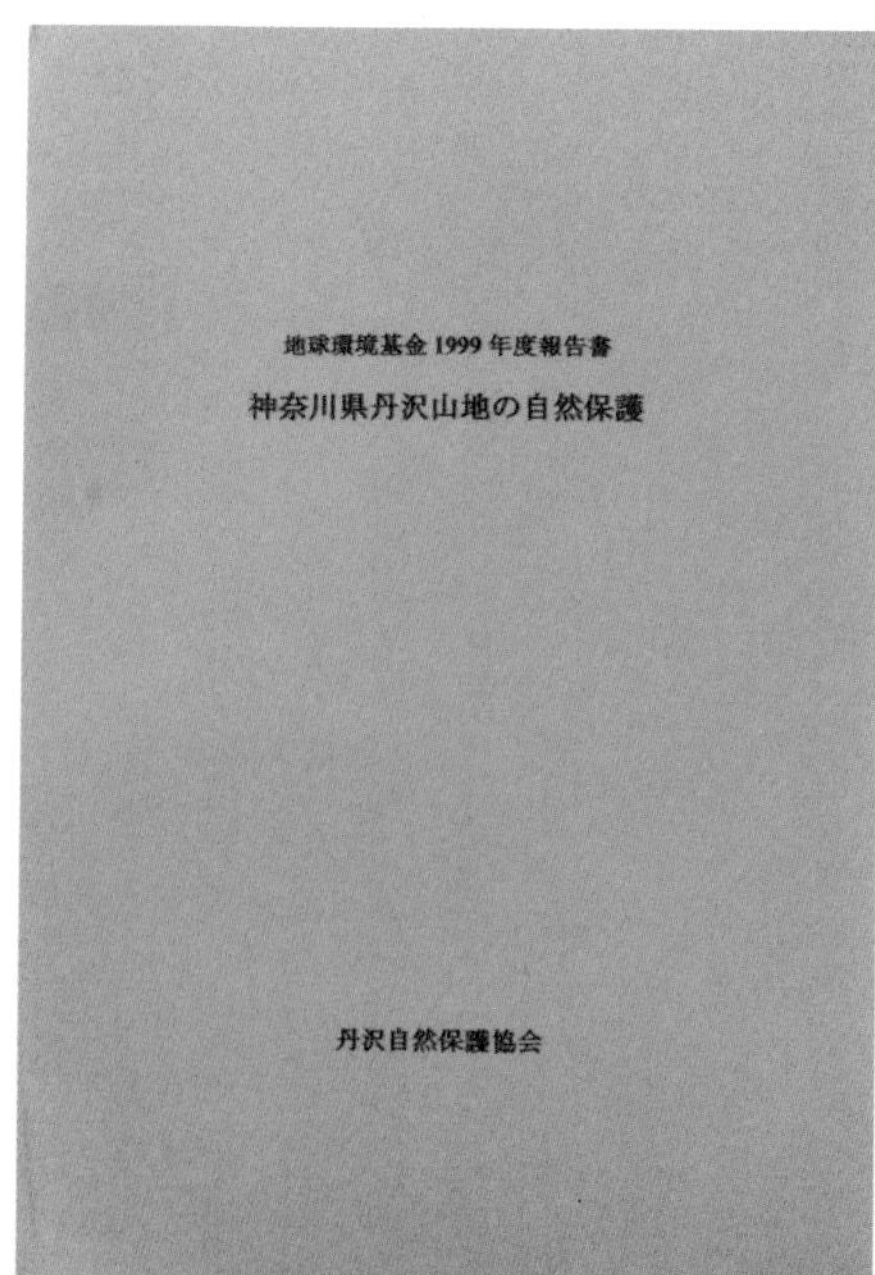

ブナ等遺伝子調査報告書

三国山のブナ老木
ブナ林は大昔から多くの生命を支えてきた

ブナ林に設置した植生保護柵の内外の時系列変化

田村　淳（神奈川県自然環境保全センター）

神奈川県は、一九九七（平成九）年から丹沢のブナ林などの自然林に植生保護柵（以下、柵）を設置しています。そうした柵を用いて、県自然環境保全センターでは定期的に柵内外の植生を調べています。四枚の写真のうち左の上下二枚は二〇〇二（平成十四）年に堂平上の丹沢三峰尾根に設置された柵の内外で、柵を設置して一年目の状況です。この場所は元々スズタケが密生していた場所ですが、一九八〇年代後半からシカの採食影響によりスズタケが退行した場所です。柵を設置して一年後の柵内では高さ一〇センチメートル程度のスズタケがまばらに生育し、他にはヤマカモジグサなどのイネ科草本が生育している状況でした。柵内外の上下の写真を見比べると柵内でやや植被が多い状況ですが、そんなに大きな差異はありません。

左ページ下段の写真は一〇年後の柵内外の状況で、その差が明瞭です。柵内ではスズタケが大きくなり、高さ九〇センチメートルを超えるまでに成長しました。またスズタケに混じってウリハダカエデやリョウブなどの樹木がスズタケと同じ高さか、それ以上に大きくなっていました。ブナの稚樹はいくつもありましたが、大きいものでも高さ三〇センチメートル程度であり、他の樹木よりもゆっくり成長しているようでした。一方、柵外では九年前よりも植物全体の植被は増えたものの、スズタケも樹木の稚樹も大きくなっていませんでした。

他の場所の柵内でも、一〇年程度経過すると同じように植生の発達した状況を見ることができます。中には、かつて丹沢から絶滅したと思われていたクガイソウやイッポンワラビなどの希少植物が回復した柵もあります。柵は見た目が悪く動物にとっては邪魔なものですが、劣化した生態系と生物多様性の回復には効果絶大です。将来は、柵を作らなくても（柵が無くても）森林の生態系と生物多様性が維持されることが理想です。そうなるまでに何十年あるいは何百年かかるか不明ですが、かつての丹沢とは同じではないにせよ、今よりも良い状態の森林生態系とその過程の記録を、次世代、次々世代に引き継いでいきたいと考えています。

植生保護柵外	植生保護柵内

柵外の様子
（2003年7月31日撮影）

2002年に設置された柵内の1年後の様子
（2003年8月21日撮影）

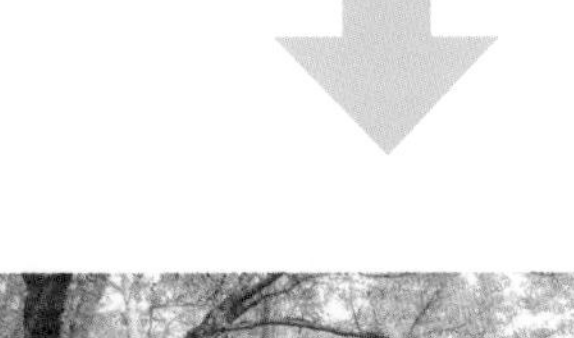

同上10年後の様子
（2012年9月27日撮影）

同上10年後の様子
（2012年10月9日撮影）

3　行政への提言・調査と協働

丹沢大山の再調査を神奈川県に要望、実施準備に関わる（一九九〇〜九二年）

丹沢大山地域は国定公園の候補地となったことに伴い一九六二〜六三（昭和三十七〜三十八）年の二年間に渡り「丹沢大山学術調査」が行われました。調査結果は「報告書」として一九六四（昭和三十九）年に刊行されました。この調査は丹沢大山地域における最初の科学的な総合調査となりました。しかし、一九七〇年頃から大山のモミ林の立ち枯れ、一九八〇年頃からはシカの分布拡大やブナの立ち枯れが目立つようになるなど、丹沢の自然も時代とともに大きく変化し、一九九〇年代に入ると、四半世紀以上前の丹沢大山学術調査の報告書とは異なる実態が多く見られるようになりました。

こうした状況から丹沢自然保護協会は、もう一度生態系に関する詳細な調査を行い、丹沢大山地域の自然の現状を総合的に正確に把握することが必要と考えました。そこで一九九〇（平成二）年十一月十九日、協会は、日本野鳥の会神奈川支部、丹沢シカ問題連絡会との三団体による連名で、「丹沢大山国定公園の学術調査の実施について」と題した要望書を神奈川県に提出しました。要望書には枯死したブナなどの写真を添付し、丹沢の将来を考える上での大きな問題として、以下の三点を挙げました。

① 丹沢山地の中心部に広がる国定公園の特別保護区を中心に、稜線部のブナ、モミなどの高木の立ち枯れが近年急速に進行しており、写真のように生存木よりも枯死木が目立つ危機的な状況となっている。

② 特別保護区のいたる所で、天狗巣病などの原因によるスズタケの枯死が広がっている。丹沢は急峻な山地であ

枯死が進むスズタケ

稜線部のブナ立ち枯れ

るために、高木の枯死ともあいまって、土壌の侵食が懸念され、森林生態系の基盤そのものが崩壊する恐れが考えられる。

③丹沢を代表する大型動物であるシカについても、くくりわな等による密猟が絶えず、生息地の環境変化もあいまって、将来にわたる個体群の維持が危ぶまれる状況にある。

…略…この地域の「環境管理、公園利用、林業などを含んだ総合的な将来計画が、調査に基づいて立案されるべきである」という一文で結ばれ、調査結果を県の施策に生かすことの重要性に言及しています。

この要望書を受け、神奈川県は一九九一（平成三）年から、丹沢大山の調査実施に向けた検討に入りました。「丹沢だより」二六三号（一九九一・三）には「丹沢大山学術調査に望むこと」として、具体的な要望が箇条書きで記されています。こうした要望は協会から県の職員に対して、直接口頭でも繰り返し伝えられました。中でも県の責任と市民参加について具体的な提案を行った以下の二項目は、調査の方向性を決める上で、少なからず影響を与えたと言えます。

○現状把握は県の責任で

国定公園は県の管理下にある。ということは自然の現状、利用の実態について常に現況と問題点を知っている責任があるということ。直接担当の公園事務所、自然保護課で資料をまとめ、県民に示せる状態になっているのが当然であろう。調査研究に当たっては、自然保護センターや県立博物館が専門機関としての役割を担ってほしい。もし、両機関のスタッフが足りなければ、補充・増員すべきである。
○市民の力の結集を
とは言え、自然の広範な分野を県職員ですべてカバーすることはできることではない。関係機関、大学、自然保護団体、その他丹沢大山にかかわる各種団体の力を結集しなければ十分な成果は望めないだろう。これまでの調査・活動実績を持つ団体、個人に広く呼びかけて調査グループを作ることが求められる。
それらをまとめるために、特に現場にしばしば足を踏み入れ、現況を知る人を中心に「調査委員会」を設置して、その主導のもとに活動が進められるべきである。安易に調査会社に全面委託するようなことがあってはならない。細かいことだが、この委員会は休日や夜間に行うこと。従来の県主催の集まりのように平日の昼間では市民の参加は困難である（県職員の都合で市民が動くのではなく、その逆でなければならない）。

一九九二（平成四）年に入ると、県の自然保護課が調査の実現に向けて動き始めました。「丹沢だより」二七一号（一九九二・六）の「事務局だより」の以下の一文からは、協会が調査準備における早期の段階から、県との具体的な協議に関わっていることが分かります。行政と協会が対立的な関係から、同じ目線で話し合えるフラットな関係に変化してきたのは、この時期からと言えるかもしれません。

来年度からの実施をめざして、準備作業が行われています。一九六四年の「丹沢大山学術調査報告書」をふまえながら、丹沢の現状をきちんと記載して、この間の変化を明らかにするとともに、これからの自然保護の指針となるような調査を、と提案しています。
…略…調査のまとめ方を工夫して、県民の丹沢への理解を深め、保護管理の実行を導き出すようなものにしていく必要があります。六月中には調査内容の具体化や、調査団のありかたの検討を進めていく予定です。

「丹沢だより」二七四号（一九九二・九）では、一九九三（平成五）年度からの調査実施に向け、神奈川県自然保護協会と丹沢自然保護協会が協力しながら計画の骨子づくりを進めてきたこと、一九九二（平成四）年九月四日に調査を依頼する学者や丹沢自然保護協会を含む関係機関が打ち合わせを行ったことが報告されています。以下の記述からは神奈川県庁から、自然環境に関連する幅広い部署が参加していることが分かります。

「県の大気保全課、環境科学センター、文化財保護課、県立博物館、林務課、林業試験場、県有林事務所、自然保護センター、丹沢大山自然公園管理事務所の担当者が参加し、それぞれが調査への協力を約束したことは、県のこの調査への熱意を感じさせた。

調査団については、この日出席された遠山三樹夫（横浜国大・植物）が団長、小池敏夫（横浜国大・地質）と古林賢恒（東京農工大・植物）に副団長をお願いし、今後中心となって調査内容の検討や、調査団の編成を進めることになった。市民団体からは新堀豊彦（神奈川県自然保護協会）、浜口哲一（野鳥の会神奈川支部）、協会からは青砥航次、大沢洋一郎がそれまでの調査準備に携わってきましたが、この四名が引き続き調査企画担当として、調査団の調整役を行うことになりました。

○県民が参加できる調査を企画し、参加を呼びかけること。
○学術的に価値が高く、県民にわかりやすい報告をまとめること。
○この調査を自然保護・環境行政に具体的な提言を行う基礎とし、終了後もモニタリングが継続されるよう手法を検討する。

調査方針については、これまでの話し合いのまとめとして、協会からこれら三点の提案を行い、参加者の賛同を得ることができました。

幅広い県民参加で行われた「丹沢大山自然環境総合調査」（一九九三〜九六年）

一九九三（平成五）年四月、丹沢大山自然環境総合調査が始まりました。丹沢大山国定公園、県立丹沢大山自然公園と周辺地域の約四二五〇ヘクタールを対象に、調査期間は三年間、最終年度に一年かけて報告書作成を行う計四年間の大規模なプロジェクトです。

一九九〇（平成二）年から丹沢自然保護協会が神奈川県に対して要望を重ね、実施が決定した後は行政の担当部局とともに準備を進めてきたこの調査の目的について、「丹沢だより」二八一号（一九九三・四）は以下のように記しています。

この調査は、丹沢の自然環境の衰退の現状を、森、獣、沢を重点に、各分野の研究者の参加で総合的に追求していこうというものである。データの集積に終わらせず、今後の丹沢の自然の保全、利用のあり方の再検討につながる調査をめざしている。

一九九三年四月十六日、神奈川自治会館で丹沢大山自然環境総合調査団の結団式が行われ、前年九月の事前打ち合わせに参加した新堀、青砥、浜口、大沢の四名が参加しました。調査は一六のグループに分けて行われることになり、作業に協力することになった協会は、環境や生物について学ぶ学生に協力を呼びかけて手伝ってもらいました。その多くは地道な作業で、シカと植生の関係を調べるために二メートル×二メートルの植生管理フェンスを一〇〇カ所作り、一メートル×一メートルの範囲で植物を刈り取る作業を行ったことが「丹沢だより」二八六号（一九九三・九）に書かれています。後にこの作業が基礎となり、県による植生保護柵設置事業に繋がりました。作業に参加した麻布大学二年生で、動物研究会に所属する柳澤亮さんは「植物の名前が分からないので植生調査では

官民協働で行う樹皮食い防止のネット巻活動

役に立てないが、荷上げのような単純な作業では多少でも役に立てる」と感想文を寄稿しました。

一九九四（平成六）年一月五日、調査団は初年度の調査を踏まえ、神奈川県知事に緊急提言を提出しました。提言の中で最優先事項に挙げられたのが、ウラジロモミ樹林の保護対策です。

「丹沢の森林を構成する重要な樹種であるウラジロモミの一部に枯れが見られる。冬季にシカの餌が極端に減少すると、樹皮を食べる可能性もあるので、直ちに保護する必要がある」

この提言を受け、神奈川県自然保護課と公園管理事務所は二月十一日、堂平周辺でウラジロモミ二〇〇本の根元にネットを巻く迅速な対応を行いました。調査団メンバーも協力したほか、協会が経費を負担する形で、環境や生物について学ぶ学生たちが多数作業に参加しました。また、初年度の調査では、ブナの立ち枯れを始めとした自然の荒廃が改めて注目されました。これに伴い、二年目となる一九九四（平成六）年度からは大気汚染、土壌、気象調査の三項目が新たに調査対象に加わり、調査グループは合計一九となりました。

調査が最終の三年目を迎えた一九九五（平成七）年には丹沢の現状を知るため、人出の多いシーズンの登山者入込数と自動車交通量の利用実態調査を行うことになりました。大山やヤビツ峠など、複数の地点で人や車の数をカウントするという作業で、五月二十一日と十一月五日の実施日には、多くの協会員やその関係者がボランティアとして参加しました。七月三十日にゴミのカウントや踏み固めについて調べる河川敷利用実態調査も行われ、こちらも協会員の多くがボランティアとして参加しました。

「丹沢だより」三一一号（一九九五・一〇）には「丹沢大山の総合調査も余すところ半年となり、調査活動も大詰めを迎え、大勢の人間が休日のほとんどを返上して動きまわっている。なかでも『中年予備軍』の活躍はすばらしく、丹沢の端から端まで、あるいは山麓から頂へ、深い沢の奥までと、その足跡は全山に至る」と若者たちの働きぶりについて書かれています。

一九九六（平成八）年三月、丹沢大山自然環境総合調査の全調査が終了し、報告書のとりまとめに入りました。「丹沢だより」三一七号（一九九六・四）には、調査について「人間と自然との関わりを改めて問い直すという意味で、非常に意義のあるものではなかったか」と書かれています。

一方、丹沢自然保護協会では、この年の四月に中村道也が四代目会長に就任しました。

同年十月、調査報告書のまとめに向けた最後のリーダー会議が行われました。オブザーバーとしてこの会議に参加した中村は、調査団長や事務局がシカを丹沢の荒廃の主要因として報告書をまとめようとする姿勢に疑問を感じ、「ブナ枯れ要因など、大気汚染の記述がなければ根本的な対策、あるいは国民的な問題提起につながらない。野生動物だけを悪者にする立案可能な記述だけなら報告書の意味がない」と発言しました。

中村は「丹沢だより」三二四号（一九九六・一一）で、このリーダー会議について「具体的な対策の立案可能なものだけを前面に出し、言葉を濁した対応」としており、報告書をまとめる過程で協会と県及び総合調査団との間に意見の相違や温度差が存在したことを示唆しています。また、「大勢の人の協力を得、県民の意識も高いこの調査について最終報告会の開催を求めたが、事務局と団長は乗り気ではなった」とも記しています。

一九九七（平成九）年三月末、四年間の取り組みの成果となる丹沢大山自然環境総合調査の報告書が刊行されま

ヤビツ峠千人隠より藤沢、江の島三浦半島を望む、遠景は東京湾に房総半島
丹沢は大都市のすぐそばにある

した。報告書には、協会及び中村が主張していた通り、深刻化するブナ枯れの主な原因は首都圏の大気汚染であると明記されたことです。それまではシカや昆虫の過食圧がブナ枯れを引き起こしている可能性が指摘されていましたが、今回の多角的な調査を経て、主原因が大気汚染と特定されたことは画期的と言えます。また、ニホンジカが元来の生息地である平野から森林に多く分布するようになった理由と森林生態系に与える影響が明らかにされたことも成果の一つであり、報告書には以下のように書かれています。

「もともと低地の動物であったニホンジカが、植林や狩猟のためブナ帯に追い込まれ、そこで植生の衰退の原因となっていることを忘れてはならない。低標高地も含めて、全域にいかに低密度で分散させるかが重要な課題となるであろう」（「丹沢大山自然環境総合調査報告書」八ページ）

もう一つの大きな成果は、調査の過程で幅広く県民の参加を得られたことです。この調査の予算額はトータルで四億円近くに達しましたが、それでも予算不足で、調査団メンバーである協会に配分されたお金も十分とは言えませんでした。しかし、調査に携わった人々は大学の研究者や学生、民間の自然愛好家など延べ五七〇二人にのぼり、この中には、協会員や協会の呼びかけにより参加したボランティアも多数含まれ、その数は五〇〇〇人を超えました。そうした状況を見て、当時の県職員は「こんなに協力者がいるのか」と驚いていました。「丹沢だより」三三二号（一九九七・七）には「総合調査が県民の手で企画・実施され、それを受けて報告・提言された意味は大きい。なぜなら、行政に対して提言を行った段階で、私たち県民もそのことに対して応分の責任と努力を負担することになるからである」と書かれています。さらに「現実に立案、そして実行となると、調査活動のような直接の県民参加は難しい。今後の大きな課題となるだろう」とも述べています。

この調査の結果を受けて、丹沢大山自然環境総合調査団から神奈川県に対し、丹沢山地の自然環境管理に関するマスタープラン策定の必要性が提言されました。そこで一九九七（平成九）年度から、調査の成果を具体的に生かすための動きが始まりました。

同年四月、神奈川県庁内に丹沢大山自然環境対策検討委員会が設立され、委員として中村道也協会長など六名が選ばれました。県が丹沢山地の保全策を立案するにあたり、委員は専門家の立場から助言を行いました。

こうして一九九九（平成十一）年三月に策定されたのが「丹沢大山保全計画」です。多様な生物を育む身近な大自然を丹沢大山の将来像として、衰退している自然環境の保全及び再生を図り、次の世代に引き継ぐための総合的な計画です。そのベースとなったのは多くの県民が参加した総合調査であり、協会としては「行政と県民をつなぐ橋渡しの役割を果たした」と自負しています。

ブナの実生

4　自然を守る仕組みづくり

自然環境保全センター設置要望から設立まで（一九九六～二〇〇〇年）

一九九五（平成七）年に就任した岡崎洋神奈川県知事が、神奈川県の新しい総合計画（一九九七年に策定された「かながわ新総合計画21」）に向けて県民参加を提唱し、「さまざまな意見を県民から広く聞きたい」と、経済、著述、哲学者から医療、福祉など県民が携わっているであろう、全ての分野に発信しました。自然保護の分野で協会長の中村が指名されました。

一方、一九九三（平成五）年から始まった丹沢大山自然環境総合調査によって、丹沢山地の生態系は危機的な状況にあることが分かりました。それに対する早急な対応とともに、新総合計画に丹沢の自然回復のための施策を位置づけることを求め、一九九六年二月二十六日、協会は知事に「丹沢大山森林生態系保全センター（仮称）構想」と題した緊急提言を行いました。丹沢山地の自然管理を総合的に行うため、森林や野生生物など環境関連の行政部署や機関を一元的に統合した新しい機関の設置を求めました。以下はその一部抜粋です。

「自然植生の回復には、それに影響を与えていると予測された様々な対象を今後も継続的にモニタリング調査し、これらに対して積極的な管理を行わなければならない。特にシカ管理については緊急を要するものと考える。さらに、現在の危機的状況を県民や公園利用者に理解させる教育的事業も不可欠である。

これらの実施にあたっては、統一的な施策を行うために自然公園の総合的な生態系保全計画とその実行機関が必要となるが、神奈川県ではこのような管理体制がない。そこで、丹沢山地の自然植生を回復させ、さらに長期的に生物の多様性を保全し、水源涵養機能などを高めることのできる生態系を保全していくための総合的なセンターを、旧機関を包括する形で設立することが希求される。

総合的な自然公園の管理は、白山国立公園や知床国立公園などで一部試みられている。水源林管理、野生生物保護管理、自然公園管理を一体化した総合的生態系保全体制は全国でも初めてのものになる」

この提言では、左記のような組織図案も添付され、現存する環境関連の部署や機関が、どの新機関の役割に対応するかについても具体的に言及しています。

それから三年後の一九九九（平成十一）年二月二十六日、協会は神奈川県知事に二回目の要望書を提出しました。一九九七年三月に終了した丹沢大山自然環境総合調査の結果を受けて丹沢大山保全計画が策定されたのがこの時期で、そのタイミングに合わせた形です。

要望は以下の三点で、二番目に挙げられた「丹沢・大山

丹沢大山生態系保全センター
- 生態系保全委員会
- 保全企画部
  - 計画課
  - 企画課
- 水源保全部
  - 水源林管理課
  - 水源林造成課
- 野生生物・公園保全部
  - 公園管理課
  - 野生生物管理課
- 研究部
  - 水源林研究課
  - 野生生物研究課
- 環境教育部
  - 啓発・普及課
  - ビジターセンター

新機関	旧機関	管理上の問題点
生態系保全委員会	森林審議会 自然環境保全審議会	森林経営計画が自然公園管理や野生動物管理と整合性を欠く部分がある
保全企画部	なし	
水源林保全部	県有林事務所	水源林管理・野生動物管理と木材生産管理との整合性を欠く
野生生物・公園保全部　野生生物管理課	なし	既存の管理体制がなく、科学的な動物管理が行われていない
野生生物・公園保全部　公園管理課	丹沢大山自然公園管理事務所	生態系の回復、復元、創造といった業務が十分に行われていない
研究部	森林研究所 環境科学センター	野生動物を始めとする自然生態系の研究部門がない
環境教育部	自然保護センター 宮ケ瀬ビジターセンター 丹沢湖ビジターセンター	展示による普及活動が中心で、体験的環境教育が行われていない

管理センター」は、一九九六年に要望した「丹沢大山生態系保全センター」から名前は変わっていますが、趣旨は前回の緊急提言と同じで、前回の内容を繰り返し強調する形となりました。

①丹沢・大山保全委員会の設置
②丹沢・大山管理センターの設置
③関係団体・機関との協力

ここからは非常に迅速に事態が進展しました。二回目の要望書提出からわずか半年後に、ほぼ協会が要望した形に沿って、新機関が翌年に設立されることが決まったのです。こうして、神奈川県は二〇〇〇(平成十二)年四月一日に「自然環境保全センター」を設置しました。それまでの自然保護センター、箱根自然公園管理事務所、丹沢大山自然公園管理事務所、森林研究所、県有林事務所の五機関を統合再編して、県の自然、特に丹沢の保全に大きな役割を果たす新しい機関が発足したのです。開所式には会長の中村も参列し、知事と並んでテープカットを行いました。

自然環境保全センター開所式
松沢知事と序幕の綱を引く

「丹沢だより」三六二号(二〇〇〇・三)の札掛通信には、自然環境保全センターへの期待がこのように書かれています。

四月に再編・統合の上、発足することになった神奈川県の保全センターに期待するものはたくさんありますが、本音を言えば「予算や人を増やすこと。『山』の分かる人間を持って来ること。予算や人員の削減だけが行革ではない」と、これだけ?が当面の期待です。

行政改革はただ人を減らし、経費を削減するものではないはずです。一市民として言わせてもらうなら、まず無駄をなくすことだと思います。環境保全のためという役割・目的を整理し、それに応じた人材人員を配置することが無駄のない運営、そして事業の展開につながると考えるのです。

少なくとも新しい機関は今まで以上に丹沢の森林、野生生物などの保護・保全事業に機能を発揮することが必要であり、それは発足のその日から始まらなければなりません。そのためには各部門に「プロ」の配置が不可欠です。

こうした期待に呼応する形で、保全センター県有林部長には森林管理に止まらず環境行政にも造詣が深い依田久司氏が就任しました。

今後の丹沢大山の保全が実効をあげられるかどうかは、自然環境保全センターがどう機能するかにかかっています。そこで、丹沢大山に関わる個人団体が一堂に会して保全行政の進め方について議論し、行政への提言をすすめようと、協会は二〇〇〇（平成十二）年八月十二～十三日の二日間「丹沢大山自然環境保全ワークショップ」を開催しました。参加者は五二名でしたが、このほかに運営を手伝うボランティアスタッフとして、学生を含む若者層が二〇～三〇人ほど参加しました。

このワークショップでは総合的保全事業、自然公園管理、森林経営・管理、野生動物の管理と被害管理、自然保護の啓蒙普及という五つの分科会でディスカッションを行い、二日目には参加者総意による提言がまとめられ、後日、神奈川県に提出されました。

提言のポイントは、①保全検討委員会の設置、②保全センターの権限の強化と機能の充実、③森林の持続的な管理と運営の三点で、二点目の提言内容は以下のようにまとめられました。

新設した自然環境保全センターの、現状に増した権限の強化と機能の充実が早急に求められます。そのため、市民やＮＧＯとの連携を積極的に進める上での柔軟な組織運営、事業実施結果のフィードバックを行う体制、及び科学的行政を担う専門家の育成と配置を望みます。

（「丹沢だより」三六七号　二〇〇〇・九）

県が協会の要望に呼応して自然環境保全センターを設立したことは、大きな活動成果となりました。二回目の要望書提出からの動きは「このスピード感は例がない」と県の幹部職員や議員から言われるほどの迅速さでしたが、その理由として考えられることは、大きく分けて二点あります。

高標高域人工林の風倒木、まるで将棋倒しのようだ
「人が勝手に森をつくり替えてはいけません」と自然からの警告に聞こえる　二ノ塔尾根

一つは、一九九六（平成八）年に第一回目の緊急提言を提出したとき、行政のトップがその内容を理解するとともに趣旨を評価していたことです。この時、提言書を中村が県知事の秘書室に置いて帰ってくると、飯田副知事から電話がありました。非常にいい意見だと評価して頂き「行政は県民の意見を聞いて事業をするのが基本…言いたいことは直接聞く」と言われたのです。再び県庁に行き飯田副知事と面会「きちんとした形で意見を寄せてくれれば、行政はいくらでも応える。知事室の敷居は高くない」と言われました。その後、提言の趣旨はすぐに副知事から知事に伝えられ、知事もそうした新機関の必要性を理解したと伝えられました。

もう一点が、提言を行うにあたって、出先行政機関の理解と協力を得たことです。旧丹沢大山自然公園管理事務所の金子穂積所長は日頃から「自然保護は嫌いだ」と言うのが口癖の土木系の人物でしたが、協会の主張に対してこのように答えました。

「自分は森や川に棲む生き物の環境を壊すことはたくさんやってきたが、守ることはやったことがない。行政に関わる一人として、あなた方の言う組織再編の必要性は良く分かるので、好きにやってくれ。管理事務所や私の名前を使うことは一向に構わない」（「丹沢だより」に掲載済み）

こうした経緯から、一九九六（平成八）年二月二十六日に知事に提出した緊急提言「丹沢大山森林生態系保全センター（仮称）構想」は当初、協会と丹沢大山自然公園管理事務所の連名で提出する予定でしたが、他の県幹部から行政機関名は外した方がいいと助言され、最終的には協会名のみで提出しました。あとになって金子所長から「外さなくてもよかったのに」と言われました。金子所長は後に平塚土木事務所の所長になり、戸川公園開設の際には、「秦野ビジターセンター」のスペースの狭さに抗議したところ、すぐに聞き入れて仮事務所を設置し、現在のスペースの拡大に尽力いただきました。

このように、行政組織の枠を超え、協会の主張に理解ある人物を行政機関の中に得たことは、提言への力強い後押しになったと言えます。

なお、保全センター設置が迅速に進んだ背景には、関係者の理解と共に、神奈川県行政の自然環境に対する姿勢があると思います。新しく副知事になった水口さんは、公園管理事務所の所長同様に「自然保護は大嫌い！」と公言して憚らない副知事でしたので一抹の不安はありましたが、理解と行動は予想以上でした。中村が新組織の保全センター県有林部長に強く要望した依田氏招聘に「基本的に役所は、降格人事はできない…略…依田は私と同期なんだ」と水口副知事から言われました。そこで「本当は所長になって欲しい方…略…それが無理と言われたので…略…では依田さんに聞いてください。返事次第では私も諦める」と言いました。聞かれた依田さんは恐らく困ったと思います。しかし、新機関にはどうしても必要な人材と考えていました。

保全センター設置にはさまざまな方々の協力がありましたが、中でも要望書提出時の飯田副知事、その後を引き継いだ水口副知事には別章の水源環境保全税の設置同様に多大な尽力を頂きました。

神奈川県水源環境保全税の発案から導入まで（二〇〇一年〜二〇〇七年）

一九九六（平成八）年に終了した丹沢大山自然環境総合調査の結果を受け、神奈川県は一九九七（平成九）年に「かながわ水源環境保全・再生施策大綱」を策定しました。今後二〇年間という長い期間をかけ、水源環境の保全と再生を推進するための基本的な方向性を示したものです。合わせて「かながわ水源環境保全・再生実行五か年計画」を策定し、具体的な一二の事業に五年間で取り組むこととしました。

その中心となったのが「水源の森林づくり事業」です。神奈川県は横浜市の水の一部を除き、県内需給の水の九〇％以上を県内で調達しており、その主な水源となるのが丹沢山地です。森林の土壌には、河川に流れ込む水の量を平準化して洪水を緩和し、川の流量を安定させる「水源涵養機能」という大切な役割があります。雨水が森林土壌を通過することにより、水質が浄化される効果もあります。健全な森林は地面に日光があたるので下草や多様な樹木が形成され水源涵養機能が保たれます。

水源の森林づくり事業は城山ダム、宮ヶ瀬ダム及び三保ダムの上流を中心とした約六万ヘクタールの水源となる森林エリアを対象に、現状の林分配置の見直しや自然林への誘導、枝打ちや間伐といった手入れを行うなどの管理や支援を行い、水源となる力を活性化及び維持するというものです。

澄んだ水をたたえる布川

この事業構想が打ち出された一九九七（平成九）年、「丹沢だより」の札掛通信で、中村会長は以下のように述べています。

九〇年代に入って間もなく、神奈川県庁内では森林や自然環境を保全するための各種計画が相次いで策定されました。その際には、今後の取組みとして、自然保護を目的とした受益者負担の税金についての話も出ていました。森林基金の設置や森林財団が創設され協会からは中村が委員として参加していました。神奈川県もバブル最盛期で、予算に余裕がある時代でした。こうした基金や財団の設置に伴い多少の議論が行われましたが、バブル景気という社会的背景もあり受益者負担の議論は立ち消えになったことを記憶しています。しかし、自然林の保護と共に、拡大され放置された人工林と、なす術なく疲弊する林業を見て、安定した財源による森林の公的管理の必要性への思いが益々強くなりました。

しかし新たな税制度導入というのは行政には非常にハードルが高い事業であり、当時、副知事や部長と面会しても、私が聞く限り新たな税に関する議論は県庁内で行われていませんでした。

水源の森林構想が、受益者負担という形で水資源税を徴収することは、森林整備の経費を捻出するとともに、都市住民に「水」を通して森林の大切さを考えてもらうという一石二鳥の効果も期待できるのだが、見方を変えると、これまでの森林管理の不備も含めて県民に負担を強いるだけではないか、とも思えてしまう。水源税という方式をとることは、言い換えれば県民すべてが森林整備に参加するということであろう。もし、受益者負担の税が必要と言うなら、今後は水源の森林整備に関する計画の全てを県民に公開する義務が行政側にはあると思う。

行政がさまざまな情報を公開することによって初めて、その計画について県民も責任と努力を負担する気持ちになるのではないか。水源税を徴収し、林野行政は今も変わらず…では、「丹沢」や「水」が行政の施策に利用されるだけで終わる危険性もある。

（「丹沢だより」三三二号　一九九七・七）

第2回　丹沢自然環境保全ワークショップ

現地視察の後、参加者全員で

分科会での意見交換

水源の森林整備事業が、いよいよ事業展開をしていく。「水源税」というものを取り入れた事業計画は、真に全国に先駆けての総合的な森林管理事業となるはずである。

「水の安定供給」が重点項目の一つであり、生物多様性の保全までがうたわれている。このテーマに沿って計画が実施されれば、県民すべてに間違いなく「自然環境の豊かさ」となってフィードバックされるはずである。従来の森林整備とは「ここが違う」と言った決定的な特色を、一つだけでも私は期待している。

林業の大切さも、荒廃した私有林への公的支援の必要性も十分理解しているつもりでいる。しかし、水源税を含む「水の安定供給」のための、森林整備はこれと同一に議論されるべき性質のものではないと考えている。「水」や「自然」に対して県民が何を期待しているかを十分に見極めてほしいと思う。

（「丹沢だより」三三四号　一九九七・九）

受益者負担による目的税について協会が意見を発信し、県を動かすきっかけとなったのは協会が主催した第二回丹沢自然環境保全ワークショップでした。

このワークショップは二泊三日の日程で、野生動物管理、森林管理・経営、自然公園の利用という三つの分科会に分かれて、丹沢山や札掛周辺など現地視察と議論が行われました。五〇余名の参加者の中には、国や県の職員も多く見られました。（「丹沢だより」三七四号　二〇〇一・四　三七八号　二〇〇一・九）

参加者の一人に伊勢原で農業を営む人がいました。手入れされていない森の姿を目にしてその人は、「昔は山から溢れるくらい田んぼに水が流れて来たが、今は少なくなった。その理由が今日、みなさんと一緒に山に入って初めて分かった」と、感想を述べました。そして「林業をやって木材生産しているのだから、そこで得たお金を少し持って来て森の手入れをすればいいじゃないか」と言いました。

参加していた県の課長や部長からは「おっしゃることはよく分かる。自分も同じ気持ちだが、林業で得るお金は微々たる金額。今、県にはお金がないので、新たな予算確保は難しい」という答えが返って来ました。すると、その農家の人は「そんなに金がないと県が言うなら、俺たちが出せばいい」と言いました。

ワークショップで出て来たさまざまな意見のまとめは、学生を含む二〇代〜三〇代の若いスタッフたちが、当時出回り始めたばかりのノートパソコンを駆使し、夜遅くまで編集作業を行いました。

「水源となる丹沢の自然を守るために、自分たちもお金を負担する」という農家の人の意思表示に感銘を受けた中村が、若いスタッフの一人に「この意見をなんとか生かせないか」と言ったところ、行政にも考える幅を持たせる「受益者負担の新たな税のあり方」という表現が出て来ました。

ワークショップの最終日にまとめられた提言書は「神奈川県が策定した丹沢大山保全計画の実施を確実なものとするよう、エコシステム・マネジメントの考え方に立脚した保全事業の早期実施、それを支える人材育成と実行組織の整備、安定した財源確保のため新たな税制度の検討」として、県に早急に取り組むよう求めました。

「丹沢の自然環境保全に向けた基本的な計画、組織が整えられつつある現在、最も必要な資源は、計画を事業として推進する十分な予算とその財源と思われます。しかし現状では保全計画実施に特化した財源は限られています。保全事業に必要な予算の増額は安定した財源の確保が極めて肝要であり、新税も含めた財源を丹沢山地の保全対策事業に充てることに関して、大胆な決断がなされることに強い期待を抱いています」

後日、中村会長が神奈川県庁を訪れ、岡崎知事宛の提言書を水口副知事に手渡したところ、副知事は文書に目を通すと間をおかず「新税」に反応を示しました。

中村会長が「丹沢の森を守るために「税」という形で県民に協力してもらうことに意味がある。と説明すると「バブルがはじけて景気の悪い今、とにかく増税は無理…略…県民の理解は得られない」という反応でした。しかし、その日に家に戻る時間を見計らうように「詳しい話を聞きたいからまた来て欲しい」と電話がありました。善は急げ！ではありませんが翌日県庁を訪れると、水口副知事の横に平松という職員が同席していました。

丹沢と言えば沢登りが定番
きれいな水は豊かな森が育む

「受益者負担の税金」という考え方は、県庁にも少なからずインパクトを与えたと言えます。神奈川県はその年の秋から水源環境の保全に関するシンポジウムを県内各地で開催し、税制のあり方も含めて県民と議論し、意見を聞く機会を積極的に持つようになりました。

（「丹沢だより」三七九号　二〇〇一・九）

当初、県庁とさまざまに意見を交わす中で最も印象に残ったのは、新税の提案の時の岡崎知事や飯田副知事の発言でした。

「税を頂くためには都市の人たちの理解が必要だ。そのためには人工林の位置づけを環境財と考えることだ。考える方向は自然保護課（現：自然環境保全課）、事業の実施は林務課（現：森林再生課）、技術組織は事務方以上に既得権益を死守する保守的考えが多い中で、果たしてどこまで可能か不安はあったが、その発想と発言に神奈川県行政の真面目さを感じました」

　これまでも会報「丹沢だより」に度々書きましたが、自然環境保全センター設置と同様に、この超過課税実施に最も尽力を頂いたのは飯田副知事の後を受けた水口副知事です。初対面の時「先生も役人が嫌いだろうけど、私は自然保護が嫌い」（運動のことか団体のことか中村のことか分かりませんが）と言われました。しかし、お会いする機会が増えるごとに私への好き嫌いは別にして、話を聞いて頂く対応は実に真摯。平松氏同席のところで「先生、この案、ワシに預からせて貰えんかな」と言われました。自然保護運動を進める上で行政に一〇〇％の期待や信頼を置くことはありません。しかし、行政としてできる範囲や限界を承知の上で「信用できる方」と言う印象を持つようになり、「この方なら任せても大丈夫」と思いました。

　しかし、超過課税制度設置までには、水源環境そのものを理解しない経済学者などもいて、予想以上の時間が掛かりましたが、自然環境保全センター設置の時同様に超過課税実施に向けた行政の取組みは驚くほどの早さでした。二〇〇一（平成十三）年六月には、神奈川県地方税制等研究会に「生活環境税制専門部会」が設置されました。水源管理を含む県民生活に関わる環境課題と税制について考えるためで、部会長は横浜国立大学経済学部の金澤史男教授が務め、部会の委員の一人として本協会から中村が参加しました。委員には、日産自動車の渉外部長や東京電力の環境担当部長、横浜商工会議所の副会頭、神奈川県自然保護協会長など産官学から錚々たるメンバーが三〇人近く集められました。

「丹沢だより」三九三号（二〇〇三・一）には、「この委員会の設置に先立ち、私ども協会は丹沢の自然環境を保全するためにいくつかの要望提案を神奈川県に提出していました、その中で自然環境を保全するために受益者負担の原則に立った新税の検討を要望しました。そんな経緯からの委員依頼だったと思います」と委員に指名された理由を書いています。

この生活環境税制専門部会での議論は二〇〇二（平成十四）年六月に報告書がまとめられ、「環境保全のための財源確保が困難な状況を県民に説明するとともに、新たな費用負担のあり方として税制措置等の検討が必要」という結論が出されています。

専門部会は二〇〇二年度からもう一年間続きましたが、中村会長は二〇〇一年度の任期一年のみを務め、委員を辞退しました。その理由をこう述べています。

自然保護団体から行政への新税創設の要望というのは出過ぎた行動とも思いましたが、自然を護るためにお金が湧いてくるわけではありません。まして県の財政が危機的状況にあるとき、その責めを迫ったところで、良い方向が出てくるわけでもありません。

管理された人工林

「自然環境の保全が大切であり、『お金で買うことのできないものだから価値がある』ということを市民は認識している。もっと具体的で積極的な議論を」と委員会で重ねて発言しましたが、座長からは「中村委員さんの周りには高尚な方が多いのですね」と、からかいにも近い発言を度々言われ、意気込んで参加した自分が情けなくなりました。

（「丹沢だより」三九三号　二〇〇三・一）

二〇〇三（平成十五）年四月に神奈川県知事が岡崎洋氏から松沢成文氏に代わりました。翌年の二〇〇四年から「丹沢大山総合調査」が始まるにあたり、この年の十二月、協会は新知事に対して、要望書を提出しました。

調査が丹沢の自然環境保全に確実に反映されるよう求める内容で、三つの要望項目を掲げましたが、二番目にあたる「保全対策実施のための事業予算の継続的確保」では、再び新税について以下のように言及しています。

保全対策実施のための事業予算の継続的確保
県財政が厳しい状況の中、保全対策事業の方向性が総合調査により示された後の事業実施確保が危惧されます。実施事業の推進のため、最も必要な資源は十分な予算の確保ですが、国庫補助に頼った形での事業実施は、事業展開に制約があり地域独自の発想が反映されにくいなどの欠点があります。既存の予算配分の見直し等により、継続的な保全対策事業のための予算が別枠として確保されることを望みます。

要望書を提出後まもなく知事から荒廃林（技術職員の中では手入れ不足と言う）や自然再生の現地を見たいと言う要望がありました。前知事に続き、新しい知事も自然環境に関心を持っていることを心強く感じました。

神奈川県での水源環境税に関する議論は継続し、二〇〇三（平成十五）年十月から二〇〇四年一月までに県内二二ヶ所で「水源環境保全施策と税制措置を考える県民集会」が県によって開催されました。会場で参加者に対してアンケートを行ったところ、一〇六九人が回答し、「水源環境を保全・再生するために新たな費用負担が必要と思うか」の問いに対して、六一・一％が「新たな費用負担が必要」と回答し、「対策は必要だが既存財源で対応すべき」の三二・七％を大きく上回る結果となりました。こうした県民の前向きな意思を受け、県庁内での検討は加速したと推測します。

新しい知事と議会の対立もありましたが、紆余曲折の末、二〇〇五（平成十七）年十月五日、神奈川県議会は水源の森林保全・再生、河川の保全・再生の特別対策事業を推進するための財源として、超過課税「水源環境保全税」の

豪雨後の濁流

単一林の恐さ
森林は多様性が基本と教えてくれる

条例案を可決しました。この神奈川県の「水源環境保全税」は、水源環境を守るという目的を明確にした目的税の先駆け的な存在として知られています。日本国内で初めて森林環境税という目的税を導入した自治体は高知県ですが、受益者負担の目的税について議論を始めたのは神奈川県が日本で最初の自治体であり、高知県もその議論を参考にしたと聞きました。

神奈川県の取り組みに追随して、日本各地でさまざまな目的税が生まれています。当然ながら、自然と共存し、自然を守っていくには、それなりにお金がかかります。自然から恩恵を受けている以上、自分たちが自然を守るためのお金を負担するという「受益者負担」の考え方を早期から明確にした協会の姿勢は、行政の取り組みにも大きな影響を与えたと考えます。

超過課税で行うさまざまな事業評価は他で記載しますが、税制度発足当初に否定された野生シカ保護管理事業への税の適用について、これに予算付けをしたのは当時の水源環境保全課長の星崎氏です。シカ問題への取り組みは丹沢の自然再生はもちろん水源環境整備事業では避けて通れない問題です。時に強行過ぎると批判も聞く課長ですが、その強行過ぎる行政力ゆえの予算付けだったと高く評価します。

「来春には間違いなく私は異動するだろう…略…私がいる間に流れだけでもつくって交替したい」という新たな事業への思いが詰まった予算付けでした。それまで目立たない存在のシカ保護管理対策に桁の違う予算付けとなったのです。

超過課税の成立と、それに伴う事業実施には行政なりの苦労や葛藤があったと推測します。いま、官民合意の設立時の努力や苦労が、事業実施に際し行政内に理念として引き継がれているかと考えた時、疑問以上の危うさを感じます。課税が実施され「水源環境保全」と言う目的を持った超過課税の年間税収はおよそ四〇億円。一期五年で約二〇〇億円が既存予算とは別に森林環境整備等に充てられてきました。四期総額は八〇〇億円。超過課税の提案団体である協会としては、県行政とは違った角度から事業検証する必要を感じ、現地フォーラムを繰り返し開催して、事業内容の疑問や新たな提案を行ってきました。

二〇一九（令和元）年十月、丹沢を豪雨が襲いました。道路や山腹がいたるところで崩壊しました。多くの崩壊地はダムより上流域の人工林に集中しました。林野行政の限界を理解しながらも、制度発足を振り返り、当時の合意や調整が十分に生かされているかは多いなる疑問です。

二〇二一（令和三）年、農地生産被害の軽減対応として野生動物の「有害駆除」と「駆除報奨金」に水源税を充てると唐突に発表されました。それも市民には非常に分かり難い発表方法でした。

（「丹沢だより」五九四号～五九七号　二〇二一・四～七　に詳細を掲載）

農業にこだわらず、一次産業は国民の「食」の部分だけを捉えても守るべき大切な産業です。しかし、農地や周辺地域の被害軽減を目的とした野生鳥獣の有害駆除を、予算の出処も含め「水源環境」と位置付けるには無理があります。前述したように、制度成立に関心を持った当時の岡崎知事は、奥山の林業でさえ環境財として捉える必要を説いた。新たな事業、ましてや財源は県民から新たに税を徴取することを考えれば、そこに行政としての理念、覚悟を示す必要があったからと理解しました。

超過課税は目的が明確だからこそ県民に支持されました。行政が県民の意思に反したとき、県民の支持がなくなることを忘れてはいけません。仮に一部地域と言え必要な措置であるなら、まず現行の制度の中で対応すべきです。

行政に不平や不満はあっても、協会の記念誌発刊に伴い、批判と同時に市民意見に対する神奈川県の真摯な姿勢の評価をさまざまに考えていました。しかし、超過課税を利用した新たな事業方針はその多くの評価を翻す以上に「県民合意は行政の都合で、いつでも破棄できる」ということを教えてくれました。

県民合意に対する背信とも言える施策変更は、後世に残す不誠実な記録として評価同様に実名記載をします。唐突な事業方針の転換を指示したのは当時の緑政部長浜名氏です。さらに方針転換の理由も定かでなく、私たちが納得しないことで、一ケ月後、理由を後付けし提示しました。

神奈川県には自然環境に関する担当部署が三課あります。自然環境保全課、水源環境保全課、森林再生課の通称「水・緑三課」です。緑政部長の発案に対し、当時の各課長及び副課長から、誰一人疑問の声が出なかったことに驚くと言うより唖然としました。理由を確かめるべく部長を訪ねた協会理事の皆川に対し「まずかったかな」と言うのが始めの一言だったと報告されました。役人の世界は行政内の事業に対する理念の引継ぎや、それを考え整理する人材の育成が全くされていないことを改めて教えられた思いです。

県民に質の高い水源林の整備を約束して徴収する超過課税、この荒廃人工林は道路の端にありながら税徴収15年経ていまだ手付かずである

行政事業は始めの一歩が例え小さくても、後に繋がることを期待するのは市民の普通の認識です。目的外運用は論外としても、超過課税で行う水源環境整備事業で成果や効果は得られたのでしょうか。得られたとすれば、どういう形で県民に利益となって還元されたのでしょうか。得られないものがあれば、それは何故なのか。

私たちは超過課税に関する現行の事業見直しの上で、課税継続の必要性を早くから検討、提案していました。行政内でも安定した財源として、検討されていると聞きます。ならばなおさらのこと、現行の超過課税設置時と同じように、行政には真摯な説明と対応が求められます。

第3章

未来へつなぐ協働の実現

1　よみがえる森、自らも汗をかこう

植樹活動

野生動物が自由に行き来できる自然環境を作り、種や遺伝子などの多様性を維持するため、多くの研究者の協力や助言を受け日本列島コリドー（緑の回廊）構想を発信しました。この構想実現のため、多くの研究者の協力を得、丹沢を始めとした関東や伊豆地域でブナやニホンジカなどの遺伝子調査を行いました。同時に環境庁や林野庁に、コリドー設置の必要性を要望しました（詳細は第二章に掲載）。さらに自分たちでできることはないか…と考えたのが「遺伝子を基本とした落葉広葉樹を植える」ことでした。落ち葉が土をつくり保水力を高める。なによりも野生動物が生きる自然環境を整えようという考えです。

「丹沢だより」三三四号（一九九七・九）には、「さまざまな生きものの生命をつなぐために、コリドー（緑の回廊）の市民活動を始めます」と題し、つぎのような記事が掲載されました。

丹沢から、そして日本列島全体に生命の息づく森をよみがえらせよう。気の遠くなるような計画の第一歩を足元から始めます。まずはブナをはじめとする広葉樹の種の採取のためのネット張り、そして来年以降の植栽など、山のふもとから頂上まで、やることはいろいろあります。各活動のボランティアのほか、計画・世話役となるスタッフも必要です。会員はもちろん一般からも大勢の参加をお願いします。

さらに翌年の「丹沢だより」三四一号（一九九八・四）には、つぎのような告知記事が掲載されました。

「私たちも、行政に何かを期待し、求めるだけではなく、それに対応するものを用意しておく必要があるでしょう。対策のとれない行政も、それを指摘する私たちも、責任は同等です。五月二十四日に実行することになった大倉尾根での植栽は、神奈川県・秦野市と共同で行う、丹沢の保全とコリドーの実現に向けての第一歩です」

こうして、コリドー構想発信から五年後の一九九八（平成十）年五月二十四日、協会と神奈川県・秦野市共同、協力による第一回植樹活動が行われました。木を植える活動は、それまで多くが「植林」と呼ばれていましたが、丹沢フォーラムやコリドー構想などでお世話になっている古林賢恒氏の指導で苗の選木、助言を受け「植樹」という呼称を用いました。

植える苗木はヤマハンノキ、ミズナラ、アセビ、リョウブなどの雑木が選ばれました。丹沢の森林衰退は複数の要因が複雑に絡んでいるため、枯れた場所に単純に樹を植えればいいというものではありません。衰退したブナ林を直接修復するためにブナを植樹するのではなく、早期に樹木の育つ環境を整え、あとは自然の回復力に任せることで、森林再生を手助けしようというのが植樹の趣旨で、最終的にその土地にあった森林が形成されることが目標です。

植樹の対象地となった大倉尾根は麓の大倉バス停から丹沢を代表する標高一四九一メートルの塔ヶ岳山頂に至る尾根です。登山者が非常に多く、登山道の荒廃や森林の衰退が指摘されていた地域でもあります。募集定員は二〇〇人でしたが、スタッフ参加も多く、当日の参加者は二八〇人になりました。事務局を務めた神奈川県自然保護課、植樹指導の丹沢大山自然公園管理事務所や森林研究所、なにより森林を熟知する県有林はじめ林務課（現：森林再生課）職員の参加は大きな力になりました。

参加者はそれぞれ苗木を担いで三時間かけて目的地の花立付近まで登り植樹をしました。あいにく昼過ぎから激しい風雨に見舞われましたが、「来年も参加したい」という声が多く、市民参加の活動に手ごたえを感じました。以後、植樹は協会の恒例行事となりましたが、参加希望者が予想以上に多く、五月と十月の年二回の実施になりました。

二ノ塔植樹:学生も参加

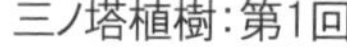

三ノ塔植樹:第1回

菩提峠植樹:息子もブナも大きく育て

菩提峠植樹:僕だってやればできる

上：大山北尾根

下：植樹がこんなに疲れるとは…

お前らがいるからこその植樹活動
心から感謝、2014年、大山北尾根

若者！苦労は買って出ろ！

森林研究所の苗畑、さまざまな樹種

森林研究所の試験用苗

植樹活動とモニタリング

第一回の大倉尾根の花立植栽地は神奈川県自然保護課の活動地として譲り、協会の活動は林務課（現：森林再生課）の協力を得て、三ノ塔の山頂下の治山工事跡地に活動場所を移しました。二〇〇三（平成十五）年からは、植樹した苗木の生育状況をチェックするモニタリング活動もスタートしました。また、活動を継続させるため、参加者から苗木代の一部として参加費をいただくことにしました。理事会では参加費徴収にほとんどの理事が反対でしたが、意外にも参加者の反応は好意的でした。

丹沢の自然再生活動と意気込んでみたものの植樹活動実施までには、さまざまな苦労もありました。遺伝子調査により地域由来、あるいはそれに近い遺伝子を持った苗木を探したのですが、地元の苗木屋さんには「地域産？　そんな苗はない！」と言われ、丹沢はもちろん神奈川県産の苗さえもありませんでした。苗木屋さんに理由を聞くと、「作っても売れないから」という答えでした。

そこで思いついたのが、林業試験場（現：神奈川県自然環境保全センター）の試験用苗木でした。そこには丹沢産のさまざまな樹種の苗木が苗畑一面を埋めています。取り敢えず話をすると意外なほど好意的で「試験が終わっているからあげてもいいが、一応県の財産だから払い下げ申請書が必要」と言われました。申請書様式の説明を受けましたが、担当者が「ウチ（県）も協力機関になるだろうから申請書は私がつくる」と言いました。文字を書くことが嫌いな中村はホッとしました。

その後、三年分の植樹用苗木を林業試験場から提供され、その三年間で地元の苗木屋さんに、生産した苗を買い上げることを約束し、丹沢産の種から苗木を育ててもらうことにしました。

それまでにも植樹は日本中のいろいろな場所で行われていましたが、植える木の産地にまで注意を払うことはなかったようです。あるとき平塚の営林署で署長さんに「お宅の職員が熊木（トンネル）の近くでブナの種を集めているのを見たことがある。もし、苗を育てているなら譲ってほしい」と話しました。署長さんは「以前は杉やヒノキだけでなくブナやミズナラの苗も少しですがつくっていたのですよ…協力したいのは山々ですが、先生もご承知のようにウチは財政難…上からの指示で苗畑を手放してしまいました」と淋しそうに話しました。遺伝子を重視する植樹を行ったのは苗木屋さんとのやりとりからも分かるように、おそらく私たちの協会が初めてでした。

以後三~五年の間に神奈川県でも「地元産の木を植えよう」という動きが始まり、さらに林野庁や林業系技術者にも注目され、他の地域でも地元産の苗木を植える動きが広まっていったものと自負しています。

ただし、問題は資金でした。何事も思い付きとぶっつけ本番で他の理事から責められることも度々でしたが、理屈だけ述べていても先には進みません。そこで思いついたのが「日本緑化基金」でした。八重洲の事務所に行くと快く対応していただきました。新田さん（専務だったか）は「素晴らしい考えだ…おそらく誰も取り組んでいないでしょう。私たちも富士山で国有林と協力して緑化活動をしていますが、これからはそれを基本にしましょう」と絶賛してくれました。でも資金に関しては「目的を持った外郭団体なので、資金を他に回すことはできない」と言われました。しかし、食事をご馳走になりながら、さまざまな知恵を教えていただきました。

植樹活動を支える資金集めは、思わぬところから始まりました。理事会で中村は「なんとかなるよ…」と発言し「資金計画もなしに、いい加減だ」と責められましたが、活動に必要な経費を支えていただいたのは、地元秦野市のロータリークラブでした。ある時、ロータリーの役員であり歯科医の高橋捷治氏から声を掛けられました。「中村君、秦野の人間の自慢の一つは「水」だ。その水は丹沢から来ていると、みんな知っている。ところが丹沢のブナが枯れている。山の保水力が無くなっていると言いながら、ホントのところは誰も知らない。俺もアンタから聞くだけだ…忙しいとこ悪いけど…」と、「秦野中」と言うロータリークラブで丹沢の話をして貰えないかと依頼されました。その縁で、厚木や横浜のロータリークラブからも声が掛かり、丹沢の現状を理解してもらう絶好の機会になりました。「ゴルフは大好きだが、考えて見りゃ森をぶっ潰した上で遊んでるようなもんだな」と言う人がいました。そして秦野中ロータリークラブからは予想外の支援をいただきました。さらに、参加者の一人から「セブン・イレブンみどりの基金」があることを教えてもらいました。

中村は市民活動のために企業から資金援助があることを初めて知りました。

セブン緑の基金配布Ｔシャツ

セブン・イレブンはこの基金を通じて、日本各地で環境の美化・保全活動を行う団体に助成を行っていました。ロータリークラブの方はセブン・イレブン関係の方で「制度が始まって間もないから余り周知されてないみたいだ。早い者勝ちみたいだよ。行きゃくれるよ」…と気楽に言います。でもこちらも素直に受け取りましたが、世の中そんなに甘くありません。基金の窓口を訪れて植樹活動の趣旨を説明し「協会が存続する限り活動も継続して行うので、できれば助成も継続して欲しい」と、無理を承知で訴えたところ、予想外に多額の助成額を提示され、「来年以降も助成を検討する」と言ってくれたのです。秦野中ロータリークラブからの助成と合わせて、植樹に必要な用具を始め経費のすべてを賄うことができました。活動三年目には参加者への記念品としてブナやミズナラの葉を配置したコリドー（緑の回廊）Ｔシャツをつくりました。袖に「セブン・イレブンみどりの基金」胸には植樹の代表的樹種と、緑のコリドーとプリントし、参加者全員に配布しました。セブン・イレブン本社にも助成のお礼として持参したところ、とても感激されました。大袈裟でなく全国初と言われたボランティア活動参加者からの参加費徴取も一人当たりに掛かる経費の二割ほどです。活動が活発になるほどに「なんとかなる」では通用しなくなることも分かりました。協会理事の中に助成担当を置くようになったのもこの頃です。

植樹活動数年後から、アウトドアブランドとして知られるパタゴニア日本の関内・横浜ストアが参加するようになりました。パタゴニア横浜店は参加するだけでなく、その都度、寄付までいただきました。現在はお店としての参加は他の活動に移りましたが、個人的に参加する方が続いています。

三ノ塔山頂下で五回目の植樹を終え、「丹沢だより」三七九号（二〇〇一・一〇）に中村会長が所感を記しています。

何を植えたらよいか。どこに、どのように植えたらよいか

植樹では県の森林研究所から植樹場所の提供と技術的なサポートという形で協力を得ることができました。「市民にできることは何か」そう考えている人々にとって、行政からの情報提供と支援は意欲と行動を結びつけるための重要な役割を果たしてくれます。今回の植樹は丹沢のために何かをしたいという市民の意欲に対して、行政が協力して問題解決を図るという協働の形を示していると思います。

植樹当日には、神奈川県の技術職員がボランティアスタッフとして参加し、林務関係事業や丹沢の自然環境保全などについての解説と植樹の指導も行っていただきました。市民と県職員との会話の中で、お互いの考えを少しでも理解する機会や、丹沢の現状について共通認識が持てるという意味ある活動ではないかと考えます。森林の再生が目的の植樹ですが、樹を植えるという直接の意味よりも、むしろこうした普及啓発的な意味合いの方が大きな意味を持つのかもしれないと考えています。

筵伏作業、植樹だけで安定しない斜面は「筵伏」そこをカッターで十字に切って苗を植える

一〇回目の植樹を終えた「丹沢だより」四〇〇号（二〇〇三・九）では、それまでの植樹活動の振り返りが行われました。三ノ塔植樹で、毎回のように現場まで参加者を案内するリーダー役を務めてきた県職員は「参加者から素朴な質問をいただいたり、率直な意見のやりとりによって、自分自身の視野の狭さに気づいたり、深く考えさせられたりすることも多々あります」と寄稿し、次のように記しています。

今、各地でさまざまな植樹や森林整備活動が協働によって行われていますが、その中でこの三ノ塔植樹は市民団体と行政が緩やかに連携しながら息の長い活動を続けている貴重な事例だと思います。毎回県職員が植樹の指導や苗木の配布、そして私のような現地への案内役まで、色々な形で参加していますが、これらは皆ボランティアでの参加です。もっとがっちりとした協働のスタイルもあると思いますが、この三ノ塔植樹ではこのような緩やかな連携・協働を続

高校生だった優香がお母さん

植樹30回記念ワインで参加は
「水と生きるサントリー」

けていくことが相応しいのではないかと考えます。

一九九九（平成十一）年から活動を行ってきた三ノ塔山頂下の植樹地は植生保護柵などの効果もあり予想以上の成果を見ることができました。そこで、二〇一一（平成二十三）年六月四日でひとまず完了とし、同年十月二十三日の二五回目からは大山山頂下に活動場所を移しました。一六年目の二〇一四（平成二十六）年五月二十六日に植樹三〇回目を迎え、「丹沢だより」五一九号（二〇一四・六）の札掛通信には以下のように書かれています。

「活動開始から参加する会員、今回初めての公募参加者、職業年齢もさまざまですが、多くの参加者の力で活動が定着し、少しずつですが森が再生しています。私がお手本にしたいような年配の方から、後を託すに十分な若者たちまで、一人三本の苗木を担いで植栽地を目指します。今回は子どもの手を引いて参加する家族連れも増えました。なんと四歳で参加四回目の子もいます」

第一回以来、ほとんど参加していると言う参加者の寄稿文も掲載されています。

「一六年前というと私が一六歳、高校生でした。植樹は色んな人と交流できるし、自然保護をしているって実感ができて好きな行事なので、子どもを産んだ年は行けなかったけど、子どもを旦那さんに預けてでも参加したのを覚えています（笑）。今回も下の子が生まれてひと段落ついたのと、五歳になった上の子にも植樹を体験してもらいたいなと思って、家族四人で参加しました。子どもも植えた木も元気に大きく育っていって欲しいなと思います。より自然豊かな丹沢になるのであれば、親離れするまで家族で丹沢を楽しみつつ、参加し続けたいと思います」

（佐々木優香）

二〇一四（平成二十六）年四月二十日に開催された丹沢フォーラムでは、これまでの植樹活動地を訪ね、活動一五年の生育状況と合わせ、植樹をきっかけにさまざまな潜在植生が回復したことが改めて確認でき、植樹木以上に、潜在植生の回復は期待以上だったことが報告されました。

二〇一八（平成三十）年十月二十七日、第四〇回を迎えた植樹が東丹沢の菩提峠で行われました。これまでは肩で苗木を担いで登る高い標高の場所で行われていましたが、標高が低い菩提峠は市内からのアクセスも便利で、赤ちゃん連れも年配者も誰でも参加できる場所です。このため、四〇回目という記念行事でもあり、植樹本数はこれまでの約二倍にあたる一〇二〇本となり、樹種もブナ、イロハモミジやクヌギ、コブシなど二〇種となりました。四〇回目の節目に寄せて、中村理事長は「丹沢だより」五六七号（二〇一八・一一）でこう記しています。

いま、当初の植栽地では四メートルを越えるまでに成長した樹種もあります。なにより植栽地の中に入ると土が湿潤なのは広葉樹植栽の大きな成果と感じます。活動開始当初、「遺伝子」をつなぐ苗は、丹沢産はもちろん、神奈川県産も存在していませんでした。いま、丹沢産「種苗」（樹種）から育った植樹木は見上げる高さに成長しています。活動へのいつもながらの大勢の若者参加は嬉しい限りです。さらにウエインズをはじめとした企業参加や子どもたちの参加も多く、自然環境に対する意識や興味、関心、そしてなにより活動の継続に期待が持てます。

二〇二〇（令和二）年、世界は体験したことのない「新型コロナ感染症」と言う未知のウイルスに直面し震撼しました。都市のロックダウン、日本も例外なく社会活動の制約、生活の自粛を求められ、協会も植樹活動はもちろん、さまざまなイベントを中止しました。感染症が落ち着き、ソーシャルデイスタンスを心がけながら、青空の下で一年ぶりに植樹活動が行われました。都市での自粛生活を強いられた人たちに、「土と緑、青空」と言うごく当たり前の風景が実はとても大切なことを改めて感じる一日になりました。

植樹活動に参加して

加藤家

植樹体験は、親子で自然のサイクルを学べる貴重な場でした。植樹する意義や苗を植える方法の説明を受けてから、子どもと一緒に山の斜面をあがり、土の状態を見て、好きなところにクワで穴を掘り、苗を植え、土を固める。単純な作業ではありますが、自然を肌で感じながら、環境保全に貢献できる非常に楽しく有意義な体験でした。また、中村さんのお話の中でも印象的だったのが、広葉樹を中心とした木々が成長することで葉や実が動物たちの餌となり、糞が土となり、成長した木を住処にする虫たちが魚たちの糧となりと、山に生きる全ての生命が密接に絡み合い循環しているということ。だから、この植樹が大切なんだということ。自分たちの娘に、自然のサイクルを意識・体験させることができ、今後も定期的に植樹に参加することで、木々の成長と共に彼女が自然と共生していく生き方を自ら考え体現してくれることを願っています。

丹沢植樹体験

山本貴子

ひと振り、またひと振り。鍬を振るうたびに昔、田舎の庭先に父と畑を掘った瞬間を思い出した。今日、私が娘と植えたのは、ナラ、ブナ、モミノキ。大きくなぁれ、大きくなぁれと声をかけながら小さな苗に土をかけて、急斜面に負けぬよう両足でぎゅっぎゅっと踏み固めた。二〇年後、娘が大人になって家族とまたこの場所に戻ってきて欲しい。その時、娘が見る景色は、さまざまな種類の葉を風にそよがせている、いま私たちが黒い土に託した木々であって欲しい。まだ見ぬ雑木林の姿を思い描き、沢山の実を落とし、生き物たちをお腹いっぱい食べさせてあげてね、と願った。

東京に住む私は、この春から田舎に帰れなくなり、迷子のように故郷の父を思いながら、息をひそめる日常の中にいた。今日は、青々とした杉山には食糧がなく、やむなく里山に降り、人に駆除される熊たちの現実を知った。すべては人の力で、その解決の歩みを踏み続けて行くことが必要だった。初めての植樹の体験、娘の心にも他を豊かにできる強い苗がまた一本植えられたことを願う。この豊かで懐の深い丹沢の山を守り続け、今日の貴重な体験の場を作って下さった皆様には、さらに深く感謝である。

私と丹沢

原眞須美

私の丹沢デビューは鍋割山でした。今は亡き兄に連れられて、渋沢駅から歩き始め、西山林道を通り鍋割山へ。山頂かと思うと、まだまだ高いところがあり、うんざりしながら歩いた記憶があります。鍋割峠からの下りの沢で、ラーメンを食べ、真っ暗な寄集落を歩いた記憶も。今から五〇年くらい前のことです。

その後、二度目の丹沢は大学のワンゲルに入った友と二人で、玄倉から歩き（実はダンプに乗せてもらいましたユーシンロッジに宿泊。次の日は塔ノ岳から蓑毛へ。途中、サルに会ったり、尊仏小屋の工事のための資材運びの人たちに励まされたりと貴重な体験もしました。今では、決して歩かないルートです。

そんな原点があり、今でも、丹沢の大好きなスポットは鍋割山です。コースは大体同じで、大倉～後沢乗越を経て山頂へ。そして金冷しまでの道を「私の哲学の道」と称して新緑の頃、晩秋の頃、雪の頃と文学少女？　の気分で歩いています。眼下には秦野の町並み、反対側は丹沢の山並みが望まれ、爽快な気分にさせてくれます。もちろん、全く見えない時、寒さに震える時もありますが。

いつか大木が立ち並ぶ豊かな森になりますように

以前、テレビ番組のインタビューを鍋割山頂で受けました。その時「何回登りましたか?」と聞かれ、「数えられない」と答え、驚かれました。いろいろなことを聞かれた割には、ほんのちょっとしか画面に映りませんでした。「鍋焼きうどん」のことが取材の中心のようでしたから、当然でしょう。

丹沢自然保護協会を知ったのは、地元の図書館に置いてあった冊子を偶然見つけたことからです。すぐに入会し、もうずいぶん経ちました。そんな中で感じていることは、私一人の力は微力ですが、何人か集まって行動すれば大きい成果になるということです。そして、ずーっと植樹活動に参加できてきたことは、私のなかでささやかな誇りとなっています。

子どもたちや若者たちが楽しみながら樹を植え、小さな苗木がやがてしっかり根を張り、空高く枝を伸ばしていく。二三年続いた活動がこれからも継続され、命の溢れる豊かな森を繋いでほしい。六〇周年を迎えた協会の願いです。

三ノ塔北東斜面植樹

植樹後の成果

三ノ塔山頂直下の植樹

植樹7年目の成果

植樹18年目、2021年現在、森が再生

三ノ塔植栽地のようす

苗木が大きく育ち、
予想以上の成果がみられます

素人が植樹活動しやすいように県が整備。こんな赤土の斜面だった
2011年6月22日

10年後の植樹地、なんとか土が一緒に写る
場所を探して…　2021年5月10日

土が安定し草が生えてくると季節ごとに花が咲く

大山北尾根植栽地のようす

少しずつ森が育っています

第二次丹沢大山総合調査に参加（二〇〇四～〇六年）

一九九四（平成六）年から一九九七（平成九）年まで四年間かけて行われた丹沢大山自然環境総合調査の結果を受け、神奈川県は一九九九（平成十一）年、丹沢大山保全計画を策定しました。しかし自然環境の劣化と衰退は予想を大きく上回るものでした。そこで二〇〇三（平成十五）年、神奈川県は前回の調査を基礎として、再び丹沢大山の総合調査を行うことを決めました。協会は一次調査終了後一〇年の節目として再調査の必要性と同時にこの調査が丹沢の自然環境保全に確実に反映されるよう、同年十二月に要望書を提出しました。要点は、一次調査で漏れたもの、一次調査で不完全なもの、そして「縦割り行政の打破」。関係する行政部署で問題を共有することの重要性を要請しました。

神奈川県では次年度からの自然環境総合調査に向けてワークショップやフォーラムを開催するなど県民に開かれた形で準備が進められています。こうした取り組みは行政への県民参加の第一歩であり、従来の県政には見られなかったものです。県民参加によるワークショップ、フォーラムにおいて県民側が示した最も重要な意見の一つは、総合調査の結果が直接反映される保全対策事業の実施です。

現在、丹沢大山で行われている森林環境に関わる県事業は、複数の担当課により個別に実施されていますが、自然環境保全の視点を持って、各事業が自然環境に与えている影響や効果などが総合的に検証されたことは一度もありません。効率的かつ有効な事業実施のためにも、自然環境保全の立場から各種事業の検証を行い、検証結果を今後の事業に結びつける必要があります。そのためには、丹沢で事業を行う担当課共同による自然環境総合調査を実施し、自然環境保全上の問題点と解決に向けた事業の方向性を示し、各種事業の自然環境保全上の位置づけと、問題点を整理・検証することが必要と考えます。

丹沢山から見下ろす天王寺尾根ブナ林と大山の北尾根稜線
遠景はスモッグに包まれた東京、でもスモッグの上は抜けるような青空だ

当協会は新たな自然環境管理に向け、各種事業の検証を含めた調査結果が保全対策事業に直接反映される総合調査の実施を望みます。

「丹沢だより」四〇五号（二〇〇四・二）では、こうした要望書を提出した背景として、以下のように説明しています。

神奈川県は前回の総合調査に基づいて保全計画を策定し、それを受けてさまざまな事業を実施してきました。しかし何をどう取り組み、その成果（効果）はどうだったのか、あるいは取り組まれなかったことがあるとすれば、それはなぜなのか。それが私たち県民に見えません。本来なら調査実施に入る前に、前回の調査と報告を受けて行われた事業、行われなかった事業の整理をし、その検証と評価を先に行う必要があったと考えます。この部分の省略は今回新たな調査を行い、新たな保全計画を策定しても、同じことの繰り返しになる気がします。（中略）調査対象は自然環境です。全てが事業に結びつく必要はありませんが、予算を付けて行う以上、調査対象を絞り込み、短期間で結果を出せる可能性のあるものと、時間のかかるもの（調査を継続するもの）と分けて行う必要を感じます。

こうした提案を受け、二〇〇四（平成十六）年度と二〇〇五（平成十七）年度の二年をかけて、実質第二回となる「丹沢大山総合調査」が行われました。しかし調査実施主体になる担当課に肝心の予算がありません。元々日本の行政には開発には多額の予算を付けても教育や福祉はもとより「守る」ための必要性と言う思想がありません。その考えは現在に至るも大きく変わることなく続いています。予算編成どころか見込みの半分も確保できず、調査断念の可能性もありました。

そこで「道路や架橋が公共なら自然環境調査も公共と、国へ補助申請をしたらどうか」と提案しました。並行して県だけに頼らず、協会としても環境省へ働きかけを行いました。窓口の担当者は「事業に補助することはあっても、地方行政独自の調査に補助することは前例がない」と言って、国が実施する地方行政との協働事業を紹介します。しかし、神奈川の調査は内容により取組みは長く、何より、研究者はもとより調査主体は県民であること、などを伝えました。

それまで後ろで黙って聞いていた課長補佐が、県の事業でありながら県民主体の調査であることと、その調査結果がその後の事業に反映される期待。さらに成果や効果が公開されることに注目しました。そして「行政事業に積極的に参加する県民と自然環境に対する神奈川の将来に期待したい」と言って予算補助を約束しました。

前回の丹沢大山自然環境総合調査と大きく異なる点は、一部の学識者に止まらず、多くの県民・ＮＧＯ・学識者・企業など、多様な主体が参加し、「丹沢大山総合調査実行委員会」が組織されたことです。また調査が始まってほどなく、県知事が重点調査地点となる堂平地区を視察しました。これまで担当幹部が訪れたことはあっても、現職の知事が調査地を訪れたのは初めてのことでした。

また、調査開始を受け、協会へ事務局への参加も依頼されました。調査は「生きもの再生」「水と土再生」「地域再生」「情報整備」の四分野について行われ、この中の生きもの再生調査チームについて協会が委託を受け、予算配分や報告の取りまとめなどの事務を行うことになりました。前回の調査と同じように、「丹沢だより」などを通じてボランティア参加者を募集し、丹沢のオーバーユースによる飲み水への影響を調べる水質調査や登山道利用実態調査も行われました。

二年計画の折り返し地点にあたる二〇〇五（平成十七）年三月、横浜みなとみらいの浜銀ホールで中間報告会が開催されました。

「一〇年前の調査時と比べた時、最も大きな違いは関係行政機関の参加です。今回も昨年の調査開始当初は実施機関以外『冷ややかな関係？』という印象を持ちましたが、委員会や調査報告の経過とともに知事の関心も高く、報告会への直接参加などもあり、関係機関の参加が多くなりました」

参加者で満杯となったホールでは、大学をはじめとした各調査チームはもとより、市民団体からも活発な報告

シロヤシオとブナ（後ろ）

サガミジョウロウホトトギス　丹沢特産種

がありました。中村理事長の席は知事の真後ろに用意され「知事から質問があれば応えて欲しい」と担当者に告げられました。初めて参加した知事も大いに関心を持ち、参加者の輪が確実に広がっていることが伺えます。

二〇〇六（平成十八）年には調査作業が終了し、政策提言に向けた最終段階に入りました。協会も検討の話し合いに参加しました。すべての作業を終えた後の「丹沢だより」四一八号（二〇〇六・九）には、以下のような感想が書かれています。

今回の調査は「問題解決のため」と言われていたが、多少の個別調査以外は前回の調査と比較してもあまり目新しいものは見えない。全体の印象としては、前回の調査報告の追認、あるいは結果の再確認と言えるだろう。見方を変えれば、前回の調査報告に基づき、実施されなかった保全計画に対して関係行政機関に再実施を促すための調査とも言えるのではないか。…（略）…とはいえ、今回の調査では大きな成果もあった。それは、調査実施に先立ち、丹沢の自然環境の劣化を県民に周知し、調査の必要性を理解してもらうとともに、不特定の県民個人がそれぞれに関心を持つ調査に参加できたことである。

さらに、これまで丹沢の自然環境に関わりを持ち活動してきたＮＧＯが組織として参加できたことである。その意味では県民参加型というあり方は高い評価を得たと考えている。積極的に参加した県民や、一〇年前のことを承知しながら協力したＮＧＯの期待を裏切ることのないようにお願いしたい。

この調査結果を元に「丹沢大山自然再生基本構想」がまとめられ、二〇〇六（平成十八）年七月三十日に開催された「丹沢大山自然再生シンポジウム」で、丹沢大山総合調査実行委員会の実行委員長から神奈川県知事に対して提言されました。そしてこの基本構想に基づき、丹沢の自然再生に取り組む新しい仕組みとしてＮＧＯ、企業、マ

高標高域で事業視察する浅羽副知事

スコミ、自然環境保全の専門家や県を含む行政など多様な主体が参加する「丹沢自然再生委員会」が同年十月二十四日に設立されました。調査段階から積極的な「県民参加」が実現し、その自然再生に向けた仕組みづくりにも生かされたことは、この調査の大きな成果だったと言えます。

松沢知事の現地視察以来、神奈川県の幹部職員の現地視察は恒例のようになりました。課長はもとより部長、局長、副知事と現況を把握するだけでも大きな意味を持ちます。

「これまで生き物の住処を壊す仕事はずいぶんやってきた…略…守る仕事は初めてなので是非案内して欲しい」と言われました。「神奈川の職員は真面目だから職員に案内して貰ったら」…と言うと「ご存知でしょうが、私も役人だが、役人は評価されると思えば必要以上の説明をする。しかし、少しでも指摘の対象になることには口をつぐむ。そこで是非あなたの目線で案内していただきたい」と言われました。そこまで言われたら市民団体冥利に尽きます。とは言っても、副知事が来ると言えば、大名行列となり、私の出る幕はないでしょう。それでも、そこまで足を運んでもらうことに大袈裟でなく嬉しい思いでした。

登山道整備

丹沢の年間利用者は現在五〇万人ほどと言われています（正式公表者数は、一九九三年からはじまった総合調査での実数把握）。首都圏に位置し、冬季に雪が少ないこともあり年間を通して利用者は多い。年齢層も若者からお年寄りまで幅が広く、赤ちゃん連れも多く目にします。そのため、メインとなる登山道は利用者が集中して掘れてしまいます。雨が降ればくぼみに水が流れ、登山者はそれを避けて歩くので、道幅は左右に広がり植生そのものが後退します。

近年、登山道の改修で主流になって来た工法がこれまでの階段整備と違う「構造階段」です。この工法は利用者の安全だけでなく、植生の回復にも目を見張る効果を上げています。余談になりますが、高齢登山者が多い昨今、あの階段の絶妙な段差は誰がどうやって判断したのかと思う程に歩きやすく疲れません。掘れて樋状となった登山道も、構造階段で人の踏み付けがなくなると表土の流出も抑えられるのか、階段の間から笹やウツギが顔を見せています。ツルシロカネソウやマイヅルソウなど、可愛い草花も咲いています。

最初、構造階段は単純に人の踏み出しを規制することで、樋状になった登山道の掘削を抑える程度にしか考えていませんでした。土の流れを止め植生を回復させたことは正直、驚きでした。しかし、効果を強調すると、同等の整備を期待しがちです。自然公園であるために行政が安心安全を一番に考えるのは理解しますが、すべてを同じ手法で対応するのは無理があるし、予算にも限度があるでしょう。携帯電話の普及が安易な登山意識に拍車を掛けているようにも思えますが、元々登山は、そこがハイキングコースであっても自己責任が基本です。丹沢の地図を広げた時、ルートごとに難易度を色識別し、整備状況もルートごとに手法が変わって良いと思います。

現在、水源環境税で林業や治山を目的とした専用のモノレールがあります。できれば常に整備を必要とするメインの登山道に公園整備専用のモノレール設置を要望したいものです。巡視はもちろん登山者の不慮の事故にも即応できます。なにより植生の回復状況から判断しても水源税の活用に十分値します。

登山道整備と植生回復

右の写真と同じ場所
上：木道を設置すると、登山道の浸食防止だけでなく踏み出し対策にも繋がった、結果として様々な植生が回復してきた
下：階段を下から見ると段差の間から笹が顔を出す、樋状の登山道も階段設置で表土の流出が安定したからだろう

表尾根二ノ塔
足下が見えないほどのササ藪が両側に広がっていた（2005･10･11）

2年後にはササが枯れはじめた。ササの背丈が高いので、シカの食圧と言うより開花による後退（2007･5･26）

雨が降ると登山道はぬかるむ
登山者はぬかるみを避け、登山道が深掘りされ、水路となり、道は拡幅される（2012･3･26）

ＮＰＯ法人化に向けて

一九九五（平成七）年に発生した阪神淡路大震災ではボランティアが目覚ましい活躍をし、これをきっかけに、日本でもボランティア活動が活発に行われるようになりました。そうした中、ボランティア団体をはじめとした非営利団体にも法人格を持たせることで、活動の発展を支援するため一九九八（平成十）年に制定されたのが、特定非営利活動促進法（ＮＰＯ法）です。ＮＰＯとは非営利団体を意味するNon Profitable Organizationの略で、ＮＰＯ法に基づいて法人格を取得したＮＰＯは「特定非営利活動法人」（ＮＰＯ法人）と呼ばれます。これまで任意団体として活動してきた丹沢自然保護協会でも、二〇〇一（平成十三）年九月頃からＮＰＯ法人に移行するかどうかについて、理事会で検討が行われました。

「丹沢だより」三九九号（二〇〇三・七）では、ＮＰＯ法人化のメリットとして「世間一般に対するアピール度が高まる」「関係官庁や自然環境保全に係る諸団体との協調が取りやすくなる」「社会的信用が増すとともに補助金などを受けやすくなる」の三点を挙げています。法人格を持つことで社会的認知が高まり、今後も多くの同志を集め、関係諸団体や関係行政機関などと連携しながら、より活発な活動の推進が可能になります。法人化にあたっては、今まで以上に活動の目的・計画・体制、決算責任などを明確にする必要がありますが、これについても今後の会の運営に対して、むしろ非常に良い影響を与えると言えます。とは言え、「なぜ任意団体のままではいけないのか」という理事もいて、すぐには結論が出ませんでした。二〇〇三（平成十五）年度に入ると理事の意見もＮＰＯ法人化に向けてまとまりました。

そこで、同年八月には六五〇人の会員全員に対しＮＰＯ法人化についての賛否を問いました。回答率は七三％で、二九三名が賛成、一八六名は理事会に一任、二名のみが反対となりました。回答者のほぼ全員が賛成・理事会一任という結果を受けて、十一月十日にＮＰＯ法人の設立総会が行われ、同月二十七日に設立申請書を神奈川県に提出しました。

そして翌年の二〇〇四（平成十六）年二月二十三日、丹沢自然保護協会はＮＰＯ法人の認証を取得し、二〇〇四年度総会では任意団体の解散を行うとともに、ＮＰＯ法人へ移行、初代理事長には中村道也会長が就任し、理事は役員となりました。

活動に対する良き理解者・良き協力者

丹沢自然保護協会の拠点「丹沢ホーム」

協会の運動や活動に対して、会員あるいは会員外にも応援してくれる人たちが大勢いました。丹沢に一度も来たことがない人。親が亡くなり、自分にはなんの縁もないが親の気持ちを受け継ぐと会員を継続する方。俺は体を動かすのは嫌い、山を歩くなんてとんでもない、でもお金を出すのもボランテイアだよね…という方。私たちの協会以上に多くの会員を擁する団体の代表、さまざまに応援してくださる方が大勢います。

一九九三（平成五）年からの総

合調査、二〇〇三（平成十五）年からの総合調査。行政と問題意識を共有したことは調査以上に大きな成果だったと思います。その意味では協会活動はまさに大勢の人の支えがあって成り立って来ました。

二〇二一（令和三）年三月十二日、丹沢に関するさまざまな活動に尽力をいただいた新堀豊彦先生が亡くなりました。八九歳とご高齢であり「天寿を全う」と言えますが、亡くなられた現実に際し、年齢に関わらず幾つであろうと惜しい方は惜しいものです。先生は自民党にありながら環境問題に関心が深く、ことに自然保護では丹沢に限らず直接間接に大きな関わりを持ってくださいました。丹沢大山保全計画策定の折には検討会の座長を務めていただき、意見対立する学者の意見を上手にまとめました。

丹沢と言うより、世の中にとって、なくてはならぬ人。先生のことを他人に問われると「政治の良心が背広をきている」と答えます。昆虫を趣味とし専門の学者と肩を並べても劣らない研究者でもあります。それでいながら驕らず高ぶらず、まさに政治家と言うより人間の生き方の手本のような方でした。

二〇年以上前になりますが、岡崎知事と初めての面会の時、「私が付いていってやろう」と先生が同行してくれました。知事室に入ると（当時、岡崎知事は長洲前知事の後始末に忙殺され、休む時間もないほどでした）「お～！　いいとこに来た。みんな飯田に任せてある…中村さん、すまんね…新堀、寝させてくれ」と言いました。一分と経たず寝息の知事の横で、新堀さんはよほど信頼されている方だと改めて感じたものです。面会に確保された一時間、知事の傍らでの先生との話はとても貴重な時間になりました。

ただし、後に飯田副知事さんとお会いしたとき「新堀先生と言え政治家…あんたは一人で動くことで職員から評価されている…先生は困ったときは黙っていても助けてくれる方だ」と言われました。

市民参加で始めた植樹活動。関係機関の協力は大きい。活動場所の選定、土地使用許可願い等の手続き、苗木の手配、フォーラムしかり。今も協会活動は多くの人に支えられ展開しています。

表丹沢特有の萱場登山道

二ノ塔尾根萱場　1960(昭和35)年3月23日

上：ヤビツ峠・柏木林道入口
1955(昭和30)年8月11日

登山者に人気のヤビツ山荘と
実質数年で閉鎖になったレストハウス
1972(昭和47)年

丹沢ホームへ
1973(昭和48)年まで
では丸太の一本橋

２　科学をより強い味方に

「丹沢自然保護基金」で若手研究者の調査活動を支援（一九九〇年〜）

丹沢自然保護協会では、丹沢の自然保護を進める上でいざという時に備えて、一般会計から少しずつ事業基金を積み立てていましたが、多くの人の寄付を元に、新たな基金を設立しようということになりました。そこで「野生生物保護」「環境美化」「自然保護教育」の三つの基金を立ち上げました。その後、これら三つの基金は会員からいただいた寄付を積み増しする形で運用されていました。

一九九九（平成十一）年四月に行われた総会で、丹沢保全のカギと言えるニホンジカの食生調査のため、協会の事業基金と野生生物保護基金から合わせて三〇〇万円が支出されることが決まりました。中村協会長はそのきっかけとして、「丹沢だより」三五四号（一九九九・六）の札掛通信につぎのように記しています。

行政の足りない部分を少しでも補うことができれば、と最近考えているのですが、経済的負担というのは弱小NGOには辛いものがあります。しかし、（中略）丹沢の将来のために協会の積み立てた基金の中から、寄付をしてくださった方たちの思いをいっぱいこめて、金額では計り知れない価値を期待して、とりあえずの金額を捻出することにしました。

そして二〇〇一（平成十三）年九月の理事会で、丹沢の保全活動をより推進していくため、調査・研究活動を支援する補助金の創設が決定しました。

さらに、この補助金を安定して支出していくため、野生生物保護・環境美化・自然保護教育の三基金を「丹沢自然保護基金」として一本化することが、二〇〇二（平成十四）年度の総会で決定しました。基金設立について、中村理事長は「丹沢だより」三八四号（二〇〇二・三）に以下のように記しています。

きっかけは一〇年ほど前にさかのぼります。自然保護活動を幅広く確実に展開するためには科学的調査や研究が必要であり、それが行政をも動かすことができる、と考えていました。そのためには丹沢に深く関わる学者、研究者の協力が欠かせませんが、私たち協会にはそれを負担する多額の経費というものはありません。結局、私たちの考え方に理解をしてくれる人たちに頼るほかありませんでした。

山に木を植えましょう、里山で炭焼きをしましょう。そういう活動にはどこでも助成をしてくれますが、自然保護活動の基本となる、一番大切な調査研究にはどこもお金を出してくれないのです。環境保全は「木」を植えればいいというものではありません。野生動物も植物も護るために何が必要かという基礎調査がなければ、保護活動の意味を持たないような気がするのです。

そんな中で学生たちが丹沢へ入ってきます。ある時、学生の一人に聞いてみました。

「お前、今年はどのくらいここへ入ってくるの？」

「うーん、一〇〇日くらいにはなるかな」

一年に一〇〇日も丹沢に入ればバイトをする余裕はありません。自分の勉強のためとはいえ、この子たちの成果が丹沢の自然環境の保護・保全に大きな力となっているのです。近い将来、この子たちの調査が丹沢に還元されるなら、私たちが多少でも若い子の手伝いをする必要があるでしょう。それが私の単純な思いつきでした。

丹沢自然保護基金は、丹沢の自然保護を進める上で必要と考えられる基礎的な野生動植物に関する調査研究活動費の一部を支援するとともに、自然環境保護に関わる若手研究者の育成を図ることを目的としています。助成対象者の条件は調査研究報告を会報「丹沢だより」に掲載することだけです。丹沢の自然保護につながる調査・研究を行っていれば、個人・団体を問わず応募可能としましたが、実質的には「真面目に調査研究に携わり、かつ、お金がない学生や団体」を中心に支援しようということになりました。補助金は年間で一〇〇万円を上限とし、複数の申し込みがあった場合は事情を勘案して配分するものとしました。

基金による助成は二〇〇一（平成十三）年度から始まり、初年度は助成対象として四件、二〇〇二（平成十四）年度と二〇〇三（平成十五）年度はいずれも五件の調査活動が選ばれました。中には二年、三年と継続して助成が行われた調査研究もありました。

丹沢自然保護基金を受けた学生たちの中から

丹沢のシカの遺伝子調査を振り返って

湯浅　卓

今回、六〇周年の記念誌への寄稿のお話をいただいたとき、驚きと若干の迷いを感じました。丹沢の自然を守るべく六〇年の長きに渡り活動を続けていることは驚嘆の一語に尽きます。私もそうした活動の一端を担えたことをとてもうれしく思うと同時に、かつてのように丹沢に足を運ぶことのない生活をしている身で何が書けるのか少し悩みました。しかし、大変お世話になった理事長から直々に依頼され、昔の仲間も寄稿すると聞けば、辞退するわけにもいかず、久しぶりに昔のことを懐かしく思い起こしながら、原稿を書くことにしました。

私は、ちょっと長く学生をやっていたため、学生時代には一〇年ほど、その後は仕事でまた一〇年ほど、丹沢の森へ通い、森の木々やそこに暮らすシカについて、学んだり調べたりしていました。

丹沢へ通う日々のなか、私は、二〇〇二年から二〇〇四年まで、丹沢自然保護協会の助成を受けて、丹沢や丹沢

周辺に生息するシカの遺伝的な違いについて調査しました。当時は、国内外のさまざまな事例から、生物の多様性を保全することの重要性が説かれるようになった頃でした。保全すべき多様性の対象の一つとして、生物種が持つ遺伝子の多様性が挙げられます。生物種にとって、種内の遺伝子が多様であるほど、将来の環境変化へ適応する力が高まり、絶滅するリスクを下げられるという考え方です。

また当時は、緑の回廊という考え方が浸透し始めた頃でもありました。丹沢山地は、北側は中央道、東側は市街地、南側は東名高速や市街地によって囲まれ、西側が富士山麓へと連なる山塊です。動物の目線で見ると、丹沢は西側からの行き来が途絶えると孤立しやすい立地にあると言えます。丹沢での緑の回廊とは、富士山麓と丹沢山地の森林を連続させようという考えでした。

調査地で出会ったニホンジカ

一方で、丹沢では、個体数が増加傾向にあったシカの採食圧によって、森林の植生に大きな影響が出てきた頃でもありました。丹沢の森林の生物多様性を保全するためには、シカの保護管理が鍵であり、今後はシカの数を大きく減らさざるを得ず、丹沢のシカが持つ遺伝子の多様性を下げることになるかもしれないという懸念がありました。

加えて、二〇〇〇年頃から遺伝子を調べる技術が野生動物分野でも広く活用されるようになっていました。使われた技術は、昨年、新型コロナウィルスの感染の有無を調べる検査としてよく耳にしたＰＣＲです。ＰＣＲとは、微量のＤＮＡを化学反応と酵素反応で増やし、可視化するための技術ですが、野生動物分野にこの方法が持ち込まれることで、行動追跡や観察では見えなかった、遺伝子レベルの違いを見ることが可能となりました。

また、遺伝子レベルの違いには、今生きている個体を見るだけでは分からない、過去の歴史が刻まれており、過去に起こった出来事を推測できるようにもなりました。丹沢のシカは一九五〇年代に五〇頭近くまで激減していたとも言われており、遺伝子の多様性の程度から過去の個体数の激減を検証できる可能性がありました。

こうした背景から、丹沢や丹沢周辺に生息するシカの遺伝的な違いや遺伝子の多様性の程度を記すべく最初の調査が始まりました。丹沢から始まった分析試料の収集は、最終的には富士山麓、関東山地、南アルプス、八ヶ岳の各山塊と、伊豆半島まで広がり、各地の猟友会の皆さんをはじめ多くの方々の協力で四〇〇個体を超える試料を集め、遺伝分析を行いました。

調査の結果、それぞれの山塊ごとに特徴的な遺伝子を持つシカがいること、その一方で、各地域個体群の間では遺伝子の交流が生じていたであろうことが分かりました。関東山地の一角として、奥多摩地域のシカについても遺伝分析をしましたが、奥多摩地域のシカと、富士山麓のシカでは、やはり富士山麓のシカのほうが、丹沢のシカと遺伝的に近いことも分かりました。

さらに、調べた全ての地域個体群で、極端な遺伝子の多様性の低下は見られないものの、過去に個体数が減少した爪痕は残されていました。遺伝子の多様性が一度下がったにも関わらず、回復したように見える理由として、他の地域個体群との遺伝子の交流が推測されました。山塊ごとに繁殖集団としてシカの地域個体群が存在し、地域個体群間では時折、シカの行き来があり、遺伝子が交流しながら存続してきたというのが、丹沢とその周辺の山塊に暮らすシカの姿だろうと思われます。

丹沢のシカの遺伝子の多様性を初めて記してから間もなく二〇年を迎えます。その間、森林の生物多様性の保全や農林業被害の軽減などを目指し、丹沢ではシカの管理が進められ、毎年のシカの状況が克明に記録されてきました。そして丹沢のシカ管理はこの先も続いていくことでしょう。技術的には、遺伝子の多様性を調べることはそれほど難しいことではなくなりました。しかし、現在の遺伝子の多様性について読み解くには、過去に何が起きたかを知ることが不可欠です。二〇年前の調査では、過去の記録が限られており、多様性の状態を読み解くのに大変苦労しました。もし、この先、再び丹沢のシカの遺伝子の多様性が明らかになる機会が訪れれば、丹沢のシカについてより理解が深まるとともに、シカとの付き合い方にも新たな道が開けるのだろうと想像します。

現在、私は生まれ育った川崎を離れ、あらゆることが都市の生活とは異なる、過疎の山村で駆け出しの果樹農家として生活しています。毎冬、シカの姿を探して山の中の道なき道を歩く生活ではなくなりましたが、けものたちの存在は日常になりました。果樹の育て方について考えるとき、けものによる農業被害を我がこととして考えるとき、樹木について、野生動物について、丹沢へ通いながら知り得た多くのことが自分の大切な財産となっていることをしみじみと感じます。私がそうであったように、この先も多くの人が丹沢の自然の恩恵を受けることができるよう、いつか恩返しができればと思います。

テンニンソウ（シソ科の多年生草本）とニホンジカ

藤林範子

ちょうど今から二〇年前、東京農工大学の大学院に所属し、丹沢山地堂平のスギ・ヒノキ人工林において、テンニンソウ（シソ科の多年生草本）とニホンジカの関係を調べていました。

具体的な手法は一～二週間に一度、テンニンソウの草丈、葉の数などを調べ、また、一か月に一回程度、テンニンソウを地下部ごと丸々研究室に持ち帰り、根は大鍋で煮沸して泥を落とし、根から葉まで部位ごとに紙袋に入れて乾燥させて重さを計る…という、地味極まりない作業をしていました。しゃがみこんでテンニンソウを観察していたら、顎の下からタラタラと血が流れてきて、地面から這い上がってきたヒルに献血していたり、夕方くたびれ果てて車の中で眠りこけ朝まで下山せず、道也さんに要らぬ心配をかけてしまったりと、ろくでもないことばかり思い出してしまいます。

そんな地味な作業をしながら知りたかったことは、他の植物がニホンジカの採食圧下で丹沢から次々と姿を消していく一方で、なぜテンニンソウは群落を形成し続けることができたのか、ということでした。調べていく上でテンニンソウは春〜夏にかけて蓄積した栄養分を使い、繊維成分を急激に高めて木本植物に近い強度を持つことで、ニホンジカに採食されると都合の悪い時期や部位から身を守っていたことなどが要因の一つとして考えられました。

「そんなこと、調べなくても分かるだろうに。第一そんなこと調べて何になるの？」と思われる方もおられるかもしれません。私も少なからず、「自分は一体何をしらべているのかな？」と思うことがありました。ですが、今まで存在すら知らなった植物なのに、その植物を通して、生き物の暮らし方や生き物同士の関わり合い方が一つではない、ということを目の当たりにし、益々自然の営みに敬意を抱くようになりました。

堂平　スギ・ヒノキ人工林
林床にテンニンソウが生育する

卒業後はしばらく丹沢からご無沙汰していましたが、最近は植樹やフォーラムに参加するのが楽しみの一つになっています。丹沢自然保護協会のイベントに一人で参加するのは勇気がいるなぁ、と最初はかなり気後れしていましたが、いざ参加させていただくと、いろいろな所から集まって来られた参加者さんとお話させていただけるのがとても楽しく、また、普段は窓の開かない建物に籠ってひたすらデスクワークをしているのですが、土のにおいを嗅ぎ、川の音を聞き、鳥のさえずりを聞きながら青空の下でお弁当を食べていると、「生き返る〜」の一言に尽きます。たった一〜二日の体験で、一年間楽しい記憶を長持ちさせることができるのです。

当時の丹沢自然保護協会の皆様や、お世話になった方々に対し、何も恩返しになるようなことはできていませんが、丹沢に興味を持ち続け、自然の中で生かされていることを忘れないためにも、丹沢自然保護協会の会員であり続けたいと思うこの頃です。

座学から現地へ　丹沢フォーラムがリニューアルして再始動（二〇〇六年〜）

横浜の県民ホールや近代文学館で開催されていたフォーラムも座学から現地へと内容を一新しました。二〇〇六（平成十八）年、現地検証の第一回は秦野ビジターセンターを会場として、最終年度を迎えた丹沢大山総合調査について、同調査のグループリーダーを務めた富村修平、石原龍雄が報告を行いました。

翌年の二〇〇七（平成十九）年四月二十二日には「流域・渓畔の保護と再生を考える」をテーマに丹沢湖ビジターセンターで開催されました。神奈川県自然環境保全センター研究部研究員が講師を務め、室内での講義と合わせて、玄倉川・仲ノ沢出合周辺の渓畔林を見学しました。渓流の中では大勢に話をしにくいという講師の意見から参加人数を限定しましたが、「丹沢だより」四四一号（二〇〇七・五）には、「参加者からはビジターセンターに戻ってからも多くの質問があり、実際に現地を知る大切さを改めて感じました」と書かれています。参加者からの反応が良かったことから、引き続き野外での実施を検討するきっかけとなりました。

丹沢フォーラムは、前年に好評だった野外研修に重点を置くようになりました。この二〇〇八（平成二十）年は、活発に丹沢フォーラムが実施され、一年間で四回開催しました。「郷土種の植栽」をテーマに大倉地区での開催。「丹沢の希少動物の保全」をテーマにしたフォーラムは、横浜市男女協同参画センターで完全な座学による講義スタイルで行い、秋には「西丹沢統合再生流域を歩く」をテーマに西丹沢の桧洞丸で開催しました。統合再生流域は二〇〇七（平成十九）年に策定された丹沢大山自然再生計画で掲げられた事業で、三つの対象地域があり、その一つが桧洞丸周辺の西丹沢地域です。具体的な事業としてはブナ林や人工林、渓流生態系の再生などがあります。参加者は、登山経験者と初心者に分けた全四班、五〇名以上の大所帯でのガイド付き登山となり、神奈川県自然環境保全センターの職員が講師を務めました。

四回目は二日間に渡って開催され、東丹沢の水沢林道・札掛周辺・三ノ塔・境沢林道などを歩き、「シカと森林の管理」について実地で学ぶというもので、自然環境保全センター職員の他延べ八名の講師が参加しました。

しかし、年四回の開催はさすがに事務局の負担も大きく、「渓畔林の再生」「丹沢山地のブナ林の再生に向けて」「都市圏の自然保護と水源林整備事業を考える」「渓流の自然環境に生物多様性を考える」など二〇〇八（平成二十）年から二〇一〇（平成二十二）年にかけての三年間は、開催の形を模索しトライした試行錯誤の時期だったと言えます。さまざまな取り組みの後、二〇一二（平成二十四）年以降は春と秋の年二回開催で、丹沢が抱えるさまざまな問題や課題、事業実施地や未実施地などを、研究者あるいは事業主体の県職員などを講師として招聘し説明を受ける形が定着しました。

境沢にて渓畔林学習

直近の丹沢フォーラム　二〇二一年四月

植樹活動が雨で延期になった翌日。五月晴れ…薫風の中、丹沢フォーラム現地研修が実施されました。テーマは「渓畔林」と「シカ管理」です。今回の参加者の中には丹沢を駆けるトレイル・ランナーやヤビツ峠を自転車で往復するライダー、なんと現職の県職員など、これまでとは違った感じの人たちが多数いました。

渓畔林…構成する大切な樹種の一種「フサザクラ」。これだけでも覚えてください…と講師の方。そう、人間の生活で言えばフサザクラの実は「乾燥野菜」。餌が乏しい冬、枝先にたわわに付いたフサザクラの実はシカやカモシカ、種子を好物とする鳥類の貴重な餌になっています。堆積する落ち葉から生まれる昆虫たち。それを餌にする鳥や魚。一昨年の豪雨でも、渓畔林の発達する渓流沿いは両岸の浸食が少なく、防災の視点からも大きな役割を果たしました。まさに渓畔林は季節を問わず、命の繋がりを感じる連なりです。

現地へ出る前にシカについての座学　森の家にて

〈参加者の感想から〉

丹沢自然再生　いま、丹沢で考えたいこと

小田祥二

講師の一人、神奈川県丹沢自然環境保全センター・永田課長のスライド。これ一つでもいろいろ考えさせられる。図中の単語の裏にも当然多くの事柄がある。永田さんは言う。

「シカが増えた、増えたというけれど、戦中・戦後の乱獲・密猟で激減させた時代の頭数に比べての話。近代化に伴う苛烈な山地利用・農地拡大↓戦後復興のための拡大造林↓一転して現在の山地利用の減少、などという人間の都合による環境改変と、本来、平野部を住まいとするシカの森林進出。とにかくシカを減らせば解決するという単純な話ではない。自然の挙動は不確実なこと多いが、人間界（日本）では今後の人口減は確実、だから税収減も確実。その中で自然の保全、シカたちとの共存をどうやっていくのがよいと皆さんは考えますか？」

フォーラムの最中、「自然界のバランス」「人間の浅知恵」という言葉が頭にちらちら浮かんでいた。

一〇〇年、一〇〇〇年単位（いやそれ以上か）の自然に対して、今は…という刹那的な認識と対応では太刀打ちできない。自然が歩んだ歴史を教師とし、関係薄いと思い込みがちな要素も含めて広く捉え、それらを「時間軸」の中で理解する。近頃巷や学校教育で話題の「思考力」がまさに求められている。生身の人間の思考では多元要素の時系列解析なんて無理ってことも多いから、深層学習や機械学習といった現代の数理解析（いわゆるＡＩ）の力を借りてシミュレーションしながら考えることも躊躇しなくてよいのではないだろうか。ただしＡＩの解析結果は答えではない。人は、その結果を踏まえて思考し続けなければならない。

二度目のフォーラムに参加して

萬代純一

今回の丹沢フォーラムは、色々と嬉しいことばかりでした！　何より人との出会い！　熱心な協会の人、県職員、協会に長く関わってこられた方々の話は楽しいものでした。

さてフォーラムでは、神奈川県の素晴らしい取り組みを知りました。例えば…鹿本来の生活を見極め如何に人間生活との折り合いをつけるかという視点。そして鹿が草原性でありながら森に追いやられることで生じる問題。草原なら復元力があるが、森にはそれが無く、樹木や林床植生が衰退してしまう…人手が減る一方で、どう共存するかの模索は、本当に重要な課題であると感じました

さらに興味深かったのが渓畔林。川岸の植生がどうなっているか、なぜそのような状況が生じたか、今後どうしたら良いか、そもそも丹沢の本来の自然とは？　といった観点で、調査、整備、モニタリングなど研究されていることに大変感銘を受けました。質疑の中で発言された方があったように、全国の自治体に先駆けての素晴らしい取り組みだと感じました。その取り組みを後押しし、バックアップ（叱咤激励？）する協会の素晴らしさを感じたのです。

現地見学では、「今日はフサザクラを覚えてください」と仰ったのが印象的です。渓畔林を象徴する種であり、ある種を知ることで、そこに特徴的な植生を知るきっかけになります。サクラと言ってもソメイヨシノのような桜の仲間とは違うというエピソードも親しみが持てます。今回、観察中にコチャルメルソウ、キクザキイチゲ、サワハコベ、ヒトツバテンナンショウ、ホソバテンナンショウ、オオバアサガラ、イヌシデ、ヤマルリ、タニギキョウ、トウゴクサバノオ、セントウソウなどなど…色々な植物を知りました。花を見るだけでも楽しいですが、名前を知

り、多様性を知ることで、その貴重さを知る貴重な経験でした。

最後に、自然を守るためには声をあげることが必要と何度か言われていました。自分もフォーラムに参加することでその後押しになれればと思います。また参加させていただきます！

丹沢フォーラム感想

有薗雅人

久しぶりにうまいワインに生演奏。来年はH氏も誘ってこよう。これは参加した方がいい。植樹の作業もせず申し訳なかったが、うまい酒が飲めた夜出会ったことに感謝を申し上げたい。

翌日、鹿が元々は平地の生き物であったことに、今さら気づくとは。知らなかったとはいえ、管理という名のもとに殺されるシカは本当に気の毒である。少しでもいい環境を残すために「あなた方一人一人がもっと考えて」と話された中村氏の言葉が刺さった。

「渓畔林」という言葉も今回初めて知ったが、以前、地獄沢の近くで見かけた鹿も美しかった。鹿にとっても、ああいう場所はいい場所なのだ。それにしても辛口の評価をもらいながら、ああしてやってきてくれる県のお役人さんたちには頭が下がる。あんな風に言われながらもやってくる人たちだから、前日から来て一緒に酒を飲めたらよかったのにと思う。

学ぶことの多い一日。何ができる訳でもなかろうが、自分も丹沢自然保護協会の一員であることが嬉しい。

丹沢フォーラム

座学や現地でさまざまなことを学んでいます。特に現地では、実際に見て知ることの大切さを実感します。

不生育人工林
県職員による解説

自然然環境保全センター　研修室で座学

ハタチガサワ
施業手法を研修
大規模な表土流出の現地を見る
失敗例も正直に話す行政に「神奈川県って真面目なんだ」と参加者の声

秦野市森林組合
林業の現況と実情を研修

秦野市森林組合
林業の機械化の説明を受ける

境沢　スリット堰堤の検証
防災と生態系維持に効果を期待したが、なぜか「モデル」だけで終わってしまった
とても残念な治山治水事業手法と感じた

三ノ塔　山頂避難小屋の新築、開設の目的や周辺整備の解説を受ける

二ノ塔　登山道整備の手法と意味、目的の説明を受ける

堂平　高林齢杉林間伐後の植生回復状況の説明を受ける

西沢の頭付近　ブナ林再生の現地を訪ねる

終章　子どもたちへ

森の学校

森の学校は丹沢自然保護協会の重点活動の一つと位置付け、一九七二（昭和四十七）八月に開設しました。経済成長最優先の社会環境の中で人々の周辺から緑が奪われ、川は汚れ、小さな疎水は蓋に覆われ、都市から潤いが失われていった時代です。光化学スモッグ注意報が発令され、学校のグランドから生徒の姿が消えていった時代でもありました。体も心も成長過程にある子どもたちに大切なものは何か。思考する中で生まれたのが「森の学校」です。

次代を担う子どもたちに、自然環境の理解を深めることは基より、短い時間であっても同世代での山の中の共同生活。公募対象は小学五年生から中学三年生までとしました。

当初は、大人向け「自然保護教育セミナー」を四泊五日で行いました。そのセミナー参加者に「指導の実際を経験する」（「丹沢だより」二三五号に記載）場として、セミナーに併設するかたちで「森の学校」を開設しました。学習の主テーマは「自然の中で生活する生き物や生息環境」です。試験的な意味合いもあり、活動は夏休みの一泊二日でした。初めて参加した子どもたちは次のような感想を書いています。

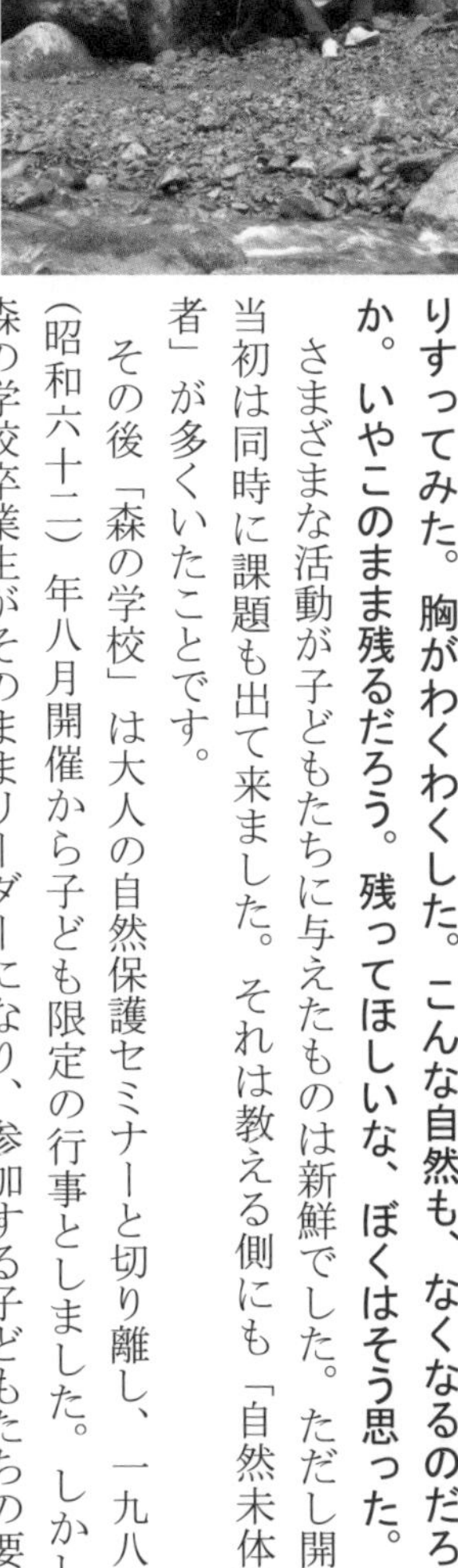

一九七四年　小学五年

川にはきれいな水が流れ、山は一面緑でかこまれていた。こんな自然の中にいるぼくは、とてもいいきもちだった。いい空気を、おもいっきりすってみた。胸がわくわくした。こんな自然も、なくなるのだろうか。いやこのまま残るだろう。残ってほしいな、ぼくはそう思った。

さまざまな活動が子どもたちに与えたものは新鮮でした。ただし開設当初は同時に課題も出て来ました。それは教える側にも「自然未体験者」が多くいたことです。

その後「森の学校」は大人の自然保護セミナーと切り離し、一九八七（昭和六十二）年八月開催から子ども限定の行事としました。しかし、森の学校卒業生がそのままリーダーになり、参加する子どもたちの要求とギャップが生まれるなど数年に渡り実質的活動は停滞しました。

そこで、二〇〇三年夏から担当者が替わり内容を一新した「森の学校」が再開されました。これまでの森の学校卒業生も公募スタッフと一緒に、参加する子どもたちと共に学ぶことを基本にしました。いまの時代、森の学校に集まる子どもたちの中には最低限の知識を持ち合わせ参加する子どもたちがたくさんいます。そこで講師は、表面的な知識だけでなく、その生き物の生活史までを子どもたちに解り易く解説する方を協会員外からも招聘しました。

活動の主テーマは発足当初から続く「自然の中で生きる動植物の生息環境」「命のつながり」です。季節ごとに学習内容は変わりますが、子どもたちが求めるものは何か？　常に主催する側に求められます。

森の学校

活動の主テーマは発足当初から続く
「自然の中で生きる動植物の生息環境」「命のつながり」

現在は、学校の休みに合わせる形で「春・夏・冬」と季節ごとに二泊三日の教室を開催しています。公募対象は小学四年生から中学一年生までとし、新規参加者、経験者関係なく、どの教室にも参加できるようになっています。また、対象年齢以下の子どもでも保護者同伴なら参加可能にしました。

例えば、春は渓流にサンショウウオを探します。サンショウウオは冬の季節、標高一二〇〇メートルの新大日山頂付近で林業従事者が捕獲し、写真付きで報告を受けたこともあましりました。サンショウウオって、水の中や周辺の森で生活しているんじゃないの？　そんな水もない高い山にどうして行くの？…大人でも単純な疑問です。

冬に熊の爪痕を見つけました。定点カメラに熊の姿が撮影されていました。動画を見た子が「この熊はどうして毎日のように同じ道を通るんだろう」中村は「よし、渓流を登って、みんなでその場所を見に行こう」と言いました。

二〇一八年八月十四日、キャーキャーワイワイと渓流を遡ります。渓流を遡る時、世間並みの安全対策はほとんど採用しません。初めて参加する子どもの親御さんには「ライフジャケットは？　ウオーターシューズは？　安全対策は？」と問い合わせる方

サンショウウオを探して

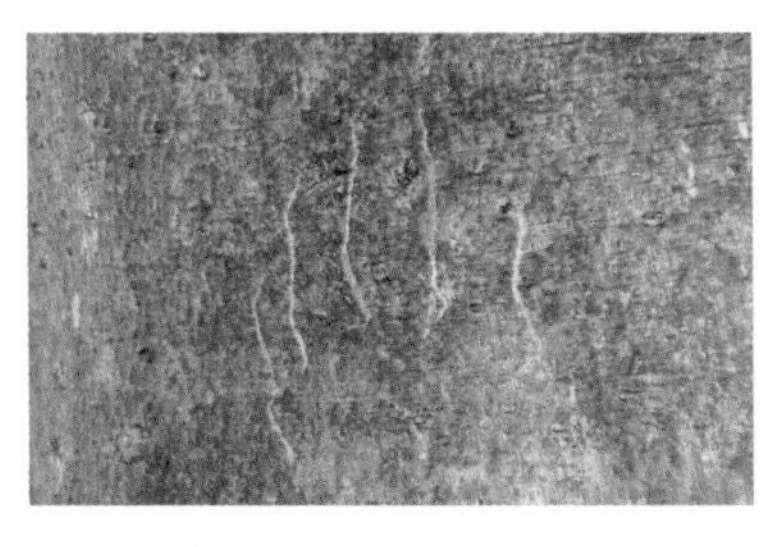

がたくさんいらっしゃいます。

急流に逆らえば流されます。渓流を流されないように遡行するためにどうするか…それは自分で考えます。この石は滑るかな？　この石は動くかな？　それは自分の足の裏側でその感覚を学びます。水に流されても身体が浮くライフジャケットや苔の上に乗っても滑らないウオーターシューズの着用は、本来人間に備わっているはずの危険回避などの本能を否定することにつながると考え、持参することは否定しませんが、薦めません。「小さな子には危ない」と感じる場所では、誰に言われることなく大きな子が小さな子をフォローします。森の学校活動範囲の渓流は深さも幅も安心の条件が整っています。それでも万一に備え、大学生や社会人が最後尾にいて、流されそうになった子の肩を抱き上げます。それが素直に行える環境。森の学校に通い続ける子が自然に身に着けた「やさしさ」と思います。高校生になり大学生になり、社会人になってもスタッフとして手伝います。

苗畑造り
「こんなに力仕事したの初めて」

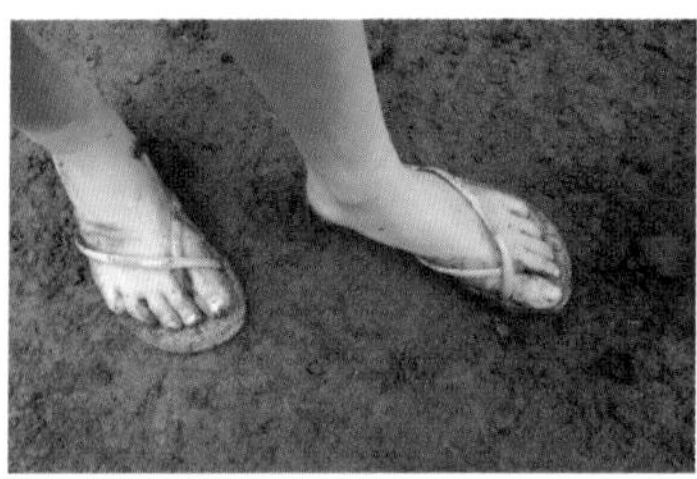

「なんで長靴履かないの」「だって
ヒルが付いたらわかりやすいじゃん」

春の教室 育てた苗を植える

森の学校

2014年　大学1年

…みんな神奈川育ちの子どもたち、学生で少し疎外感がありかなあと心配していましたが杞憂で良かったです。1日目で女の子たちと仲良くなり、2日目に大いに遊んで、3日目には男の子たちとも仲良くなれて、とっても嬉しかったです。子どもたちの無邪気さに、ああ自分は年をとったなあと少しショックでした。

…水生昆虫、野生動物、植生など大学ではあまり具体的な話をされない分野についての話も聞けて本当に良かったと思います。鹿の歯の構造についての話も大変面白かったです。大学で授業を受けるよりも一足早く土壌関連の話を聞けたことも楽しかったです。

さらに、今までは参加者という形で企画にただただ参加する側でしたが、今回は一転して、参加しながらもスタッフのような働きをしなければならないという立場での参加だったため、子どもたちのお守りと自分自身の勉強を同時進行する難しさを感じました。大人って大変だなと痛感しました。私はもう子どもではないということを認識する良い機会となりました。自分のことだけにひたすら集中することができませんでした。

喧嘩っぽく、いがみあってる子や、泣いちゃった子。さまざまな困難がありましたが、子どもたちが楽しそうにしている姿や、思わぬところで逆に助けてもらったときなどは心の底から嬉しかったです。今回の参加で上手く言葉では書き表せませんが、自分自身に変化があったと思っています。家に帰ったら神奈川のことだけでなく、自分の県についてのことも色々調べてみようかと思いました。

長男の手を引き娘をおぶって親子参加

2017年　小学5年

私は森の学校に初めて参加しました。暗闇教室の話を聞いたときは怖いと思いました。でも、やってみるとあまり怖くなくて楽しかったです。暗闇の中にいると川の音がよく聞こえました。立っているとよく聞こえ、しゃがむと何かにさえぎられるのか音は少し小さく聞こえました。暗闇に目がなれてくると、まわりの木や雪が見えてきて明るくなったような気がしました。目をとじてまわりの音を聞いていると、木からしずくが落ちる音など、 ふだんあまり聞こえないような音がよく聞こえました。

ふだん聞こえないような音が聞こえてくると、自分が森の中にいると確認できたような気がしました。星がとてもきれいに大きく明るく見えました。家でも星は見えるけど丹沢の山にきたら、大きくしっかりと見えました。暗闇教室はとても楽しかったです。

この「暗やみ教室」は「森の学校」の主要行事となり現在も続いています。

小学生でもこんなに食べるの

さまざまなカリキュラムの中に「暗闇教室」があります。夜の山道で、灯りをつけず参加者一人一人が離れて座り、周囲の音に耳を澄ませるという行事です。

1975年　中学3年

暗い中で道に一人一人はなれてすわらされ、声もたてずに動かずに、まわりを観察するのです。空を見ると星がいっぱい見えて、耳をすますと虫の声がたくさん聞こえてきます。都会では絶対にできない経験であり、都会では絶対に感ずることのできない自分の心を知ることができると思う。暗がりの中に取り残されて、初めて人間が自然におそれをもっていると教えてくれる。

2018年8月14日　10:16 ↑
2018年8月14日　10:07 →

森の学校

前述の場所への探検。二〇一八年八月十四日一〇時一六分、滝の前で全員集合の写真を撮りました。おもしろかったのは「その後」です。

十月に定点カメラの映像を回収した時でした。全員集合の撮影場所は、定点カメラから直線距離で約二〇〇メートルの位置です。回収したカメラに熊が写っていたのは八月十四日一〇時七分でした。全員集合の撮影から、その時間差わずか九分です。おそらく水遊びをする子どもたちに「お〜い！　集まれー！　写真を撮るぞ〜！」とみんなに声を掛けているまさにその時、これから見に行く二〇〇メートル先の場所に熊がいたのです。子どもたちが沢で遊ぶ声を素早く察知したクマは「せっかく昼寝してたのに、子どもたちの声がうるさいな〜」と、みんなが来る前に森の中へ姿を消しました。八月の写真をみんなに見せるのは年末の冬の教室です。子どもたちはどんな反応をみせるでしょう。

冬の教室の夜、映像を食い入るように見る子どもたちが「校長先生、今度はみんなで静か〜に歩いて行こう」と言いました。そして次の日の夜、子どもたちはライトを持たず、暗闇教室に元気に出かけました。

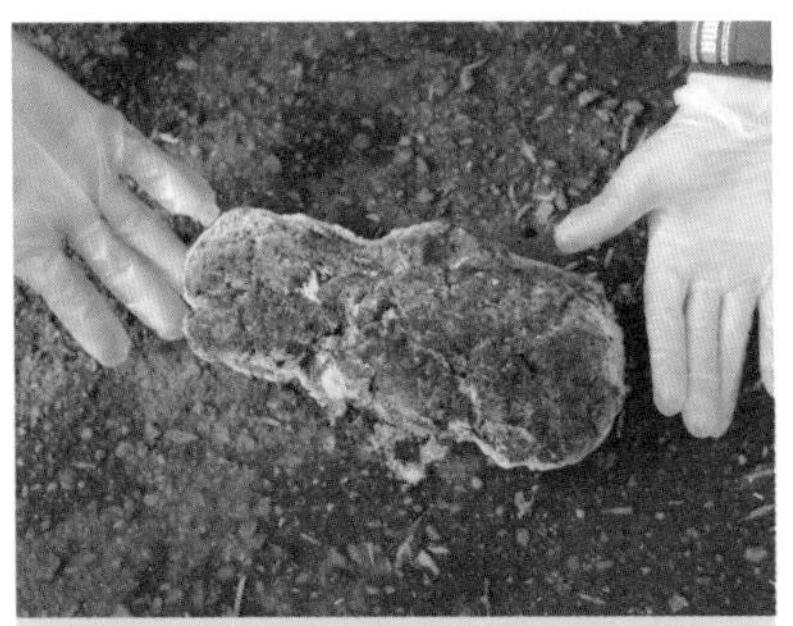

熊が森をつくる…って知ってる？
知らない？

魚が食べるエサの多くが空を飛んでる虫…って知ってる？
うっそ〜　…ウソじゃないよ

でも糞から分かる…って言ってたよ

釣ったイワナのお腹から出て来たのは…

熊の糞から木が生える…ホントだ！

空を飛んでる虫だった

二〇二〇（令和二）年「春の教室」は、森の学校開設以来初めて中止しました。新型コロナウィルス感染拡大のため森の学校開設以来初めて中止しました。校長である中村理事長は「夏の教室」開催に至るまでの心境をこう記します。

「医学医療に関し、私たち素人には予測も想像も不可能な感染症のため、この春から六月にかけて森の学校はじめさまざまなイベントを中止しました。コロナ感染症の情報が溢れ、日々状況が変化する中、夏の教室開催を熱望する子どもたちにとどまらず、保護者の方々からもたくさんの意見をいただきました。私の優柔不断ゆえ決断が遅くなりましたが、それらの意見のすべてを参考として、二月の休校以来、外へ出ることも儘ならなかった子どもたちや保護者の気持ちを優先し、批判や非難を承知の上で、森の学校を開催することにしました。逃げ道ではありませんが、決断の後押しは、相談したお医者さん方の助言や「子どもたちはだいじょうぶですよ…リスクがあるとすれば年寄の校長先生、中村さんだけです」の一言でした。無責任のようですが、街中のスーパーに群がる子どもたちを見て「これなら丹沢の森や川で密になる方がよほど安全だ」と思いました。

子どもたちの心身の健康と森の学校への期待、憎っくき感染症を天秤に掛け、あとは神頼み、元気な子どもたちに期待です。

森の学校

神奈川県専門職員から山を守る学習

二ノ塔山頂で楽しい休憩

林道に春を探して

春の教室 里山観察

サワガニ見つけた！触れた〜

子どもたちが待ちに待った「森の学校・夏の教室」は二〇二〇年八月十四日〜十六日に開催されました。当初は定員を二〇名程度に絞ろうと考えていましたが、保護者参加をはじめ、いつも参加する中学生たちから「やっと部活や塾の調整が付いた」と言われると断ることができません。結局は通常の倍近くの参加者総数五〇名（スタッフを含む）になりました。

「夏の教室」は恒例の必須科目「水の中の生きもの学習」です。沢の中の石に付いている虫、網を使って捕まえた生きものを容器に確保します。講師の先生は生きものの名前や特徴だけでなく、昆虫の生活様式まで教えます。

丹沢は前年の二〇一九年十月に未曾有の豪雨に襲われました。各所で道路が崩れたり、山腹崩壊もありました。小さな支流から本流まで自動車ほどの石が流れるなど川の様相は大きく変わりました。講師の先生も期待薄の昆虫採取でしたが、それでも一時間ほどで、たくさんの昆虫を見つけることができました。その数は三三種、豪雨や濁流に耐え、いかに多様な生きものが暮らしているのかが分かります。丹沢の自然がギリギリのところで踏ん張っていることを教えてくれます。

水生昆虫を探している時です。小さな男の子が一人で捕虫網を水の中で動かしていますが、なかなか虫を捕らえることができません。校長がそばにいた中学生の女子に「この子に取り方を教えてあげて」と言うと「ハイ」と素直な返事。ところがその直後、「きゃ〜〜！　ヒエ〜！」と大きな叫び声。小さな子の捕まえた虫を指さしながら、のけぞるように「コ、コ、コレ、ヒゲナガカワトビケラって名前で…自分で…小さな石で…水の中に…お家つくるんだよ…」と教えています。子どもがその虫を持って近づこうとすると「ヒエ〜！　ダメダメ、私それダメなの〜！」と言います。それを見ていた校長は、〇〇ちゃん、参加回数は少し足りないけど、自分の恐怖？　を二の次にして小さな子に教える姿に「卒業証をあげよう」と思いました。

サンショウウオの赤ちゃんってカワイイ

棲む場所で種類が違う水生昆虫

森の学校のみなさんへ

森の学校　水生昆虫担当　石原龍雄

森の学校の水生昆虫で毎回思うことは、なんといっても水がとてもきれいなことです。これは、水源の森や土が健全で、汚染源がないためでしょう。

サクラやモミジ、きれいなお花をいくら植えても、川の水だけはごまかせません。汚れが全くない沢での観察は貴重な原体験です。環境教育の分野では、「自然は子ども（人）を健全に育てる」とよく言われます。丹沢自然保護協会にも関わりがあった元平塚市博物館長の浜口哲一さんもそのひとりでした。もちろん私も同感で、特に、子ども時代の原体験はとても大事です。

これまでの沢の観察会では、たくさんの生きものを見てきました。いろんな種類のカゲロウ、カワゲラ、トビケラ、トンボ・アミカやガガンボ…何種類いるのか私にも分かりません。ムカシトンボやハコネサンショウウオ、イワナをくわえたカワネズミなどは、他の観察会で見る機会はなかなかありません。解説の最中にアナグマがのそのそと歩いてきたこともありました。

養魚場に行く途中のケヤキの大木では、ヒメギセルという一センチほどの細長い貝を初めて見ました。秋の夜、丹沢ホーム周辺の川では、あちこちでヒナコウモリが飛びながら鳴いていました。養魚場の付近も、テングコウモリやモリアブラコウモリなどが羽化した水生昆虫を食べにきているかもしれません。

そう、ほんとうに面白いのは、これから先なのです。自然は分かっていないことだらけ。ひとつの種類や同じグループにも面白いこと、不思議なことがいっぱいあります。森の学校での体験の先には、もっと面白い観察や研究の入口があるのです。

森の学校でうれしいことは、なにより、元気な子どもたちと、森の学校を支える若いスタッフがいることです。「絶滅危惧種Ⅰ類」の私にはとてもまぶしい存在です。この中から「先生」が出てきて森の学校の活動をつないでくれることを願っています。

森の学校の一日は六時に起床。朝の散歩から始まります。散歩と言っても道のない川原を歩き、時には靴を脱いで川を渡る時もあります。初めて参加する子からは、「校長、コレ散歩？」と聞かれることもあります。散歩をしながら渓畔林の勉強や、時には頭上を飛ぶヤマセミを見ることもあります。

ただし二〇二〇年の夏はスズメバチに襲われました。ひと昔前なら、「スズメバチ？　治す薬はない！　冷やせば治る！」と言っていた校長も、最近は世間並の年寄感覚になり、森の学校の子どもたちを見る目が孫を見る目に変わっています。さらにスズメバチに刺された子の中にはアレルギー体質の子もいて、森の学校始まって以来初めて、丹沢の麓、秦野市消防へ救急要請をしました。「僕は平気だよ」…と言っていた子が「エッ！　救急車乗れるの！　じゃ病院に行きたい」…と、結局五人が病院に行きました。校長は付き添って病院に行ったスタッフや消防署との電話のやり取りで森や川を歩くより疲れました。でも、病院から戻って来た子どもたちはその足で川の中へ。全員が元気いっぱい、校長もほっと一息でした。校長は森の学校終了翌日に救急出動の各消防署へお礼に行きました。一人も腫れなかったことに救急隊員の人たちも安心すると同時に驚いていました。

森の学校

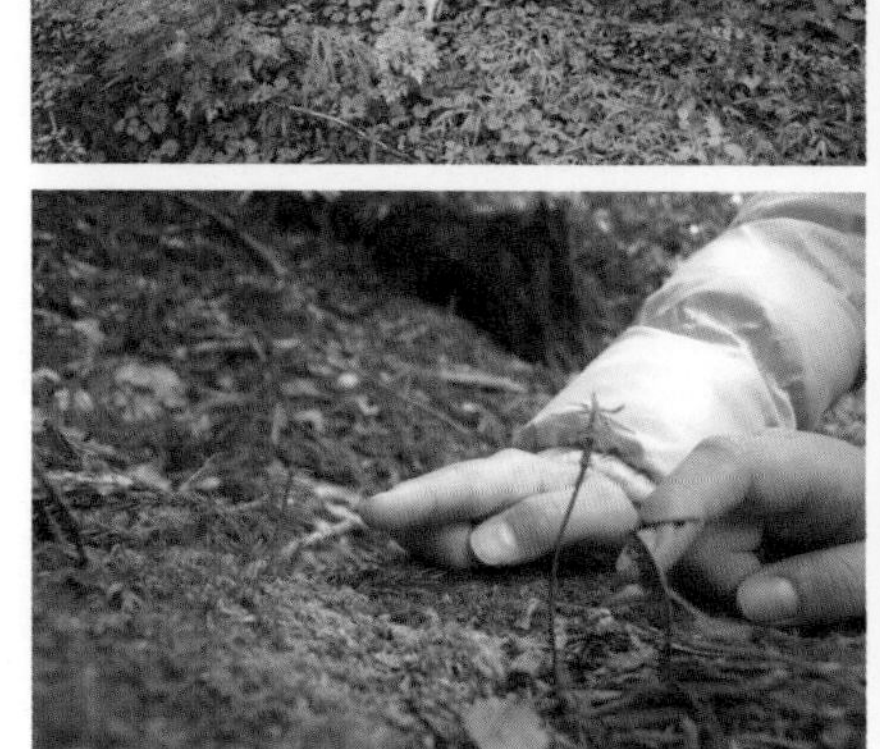

2018年　小学6年

印象に残っていることがあります。渓畔林の役割についてです。その中でも木が倒れて、その後生き物の住みかになることです。倒れたら、その木は腐ったりすると思っていたら、ほかにもたくさんの役に立っていて驚きました。このことから私は倒木の様に周りの役に立てるようにしていこうと思いました！

渓畔林の大切さ。昆虫の餌となる

倒木観察…腐った幹から木の芽が出てる

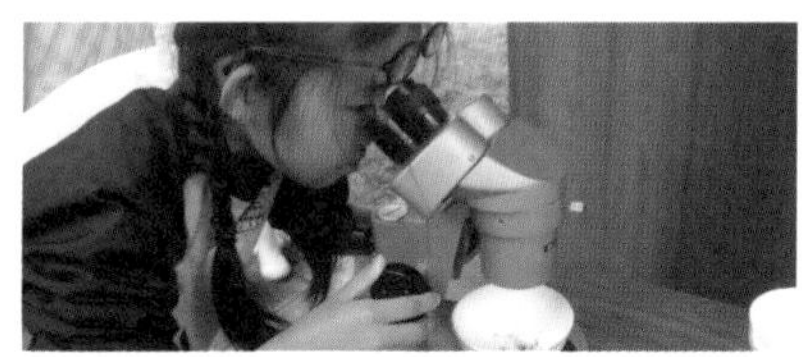

2020年　中学2年

森の学校、コロナでなくなってしまうかと心配していましたが来られてうれしかったです。なんだか久しぶりな感じがします。川、水生昆虫、森、魚…自然を見ることがどれだけ大切でありがたいことなのか、コロナのこともあり改めて感じられた一日でした。川の中の虫たちが一生懸命動いていたり、小さい子たちが頑張ってそれらを見つけようとしている姿は凄いなぁ、私はあんなに動けないなぁ…と思いました。さらに、幼虫（？）でイモムシの黒 ver. みたいになっている虫を見つけて、うぉぉぉぉ…！と思いました。恐かった―…。でもだんだんなれて似たような虫がいてもびっくりせず最後は触れたので良かったです。

また、昨年の台風のあとに初めて丹沢ホームに来たので、川に遊びに行ったとき、ブランコ、それを支えていた木、川の形が変わっているのを見て驚き、少しさみしく感じました。そのような影響があっても、水の中や森の中で生きている生き物や川、森は力強いし、さらに自ら変わり生きていくことは何より人も学べることなのだろうと思いました。

私も来年は中3になって、受験をしなければなりません。コロナで学びが遅れていて少し不安ですし、この先どうなってしまうか考えてしまったり。それでもやはり、まわりや社会の流れに沿って変化していけるようにならないと、と思いました。なので私は今できる勉強からがんばりたいです。（略）次の日はおにぎりをにぎりました。私と同学年の友達とがんばってつくっていたら、みんな初めて握ったときより上達していて、自分たちで成長を感じられました（笑）。

2016年　中学1年

ぼくは、今回の森の学校で、川に生きている生物が生きていくために、渓畔林がとても大切な働きをしていることを知りました。そのうちの一つ、日光をさえぎり、川の水温を上らないようにし、水を冷たく保つということについては、川に遊びに入ったときに、日光が直接当たっている場所の水よりも、渓畔林の陰に入っていて日光が直接当たっていない場所の方が、水が冷たかったので、実感することができました。

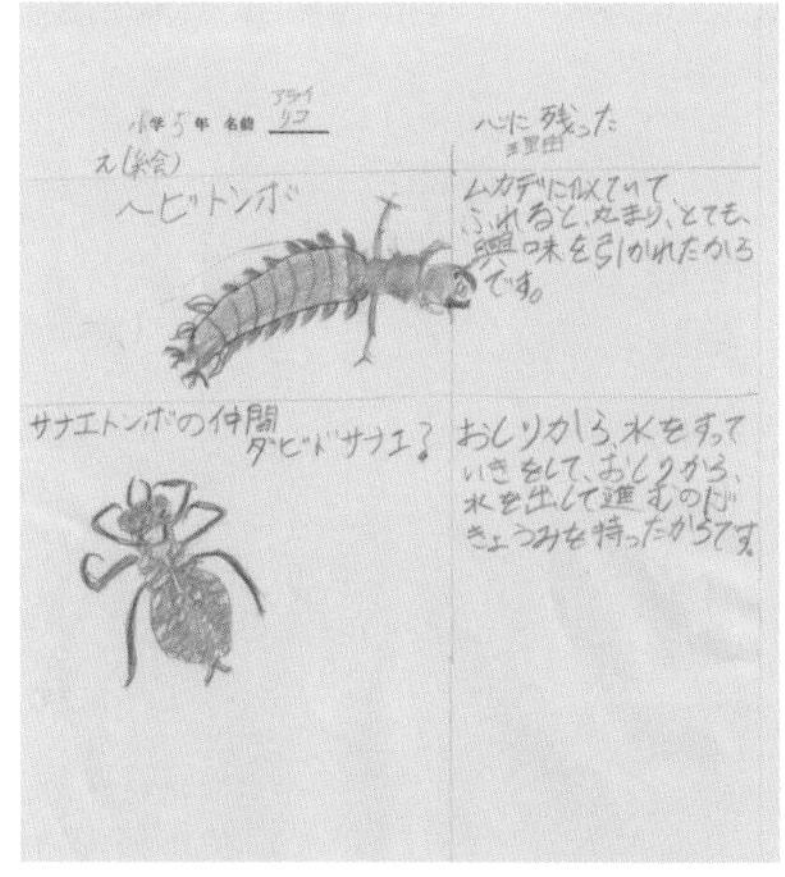

森の学校

夏の教室を通して、とても感心したのは、沢歩きに限らず「森の学校」の期間中、小さな子どもには誰かしら年上の子どもが付いていることでした。兄弟かと思うくらい、それがとても自然なのです。小さい子の面倒をよく見ていたひとりの男の子に聞いてみると、「自分も小さいころから『森の学校』に来ていて、年上の子にお世話になったから…」と言います。「森の学校」は一度参加するとその後毎回のように参加する子どもたちがとても多いといいます。ですから、自然と下の子どもたちや初参加の子たちに目を配るのだと思います。

2018年　小学4年

今日は、川でカゲロウやサワガニを捕まえて、かんさつしました。ぼくがびっくりした川の虫はオオクラカケカワゲラです。理由は、その虫はあしのつけねで呼吸をしているからです。ぼくは、さいしょ、この虫が足から呼吸をするとは思っていなくてびっくりしました。他にもおしりでこきゅうする虫がいました。ぼくは川でびっくりした虫がほかにもいます。それはヘビトンボです。理由はヘビトンボは肉食ということです。ぼくは、虫が虫を食べるとは思っていなくてびっくりしました。よう虫もせい虫も肉食でした。水の虫もこんなにしゅるいがあるなんてすごいな～と思いました。

動物の棲む森を大切にしたい …それを家族にも伝えたい

小学6年女子の感想です

2014年　小学6年

こし地先生に土について教えてもらいました。表土は黒っぽくてくさった葉の分解されたものが入っていてしめっています。しん土は、表土の下にある、茶色っぽくてかわいた土だということを本物の土を使いながら説明してもらいました。いろいろな実験をして、Ph 等の難しい言葉があったけれど、土は降った雨水をゆっくりときれいにして川に流してくれている、とても大切なことをしているんだなと思いました。

2015年　小学5年

道のない森を歩きました。ちょっと落ちそうだったけど、みんな無事でした。休けい時間に仔ジカの骨を見つけました。おみやげとして持ってかえってお母さんをびっくりさせたいです。

森の学校

この数年、森の学校では、これまでの昆虫学習にサンショウウオを自然環境の指標として課題に取り入れました。近年、個体数の減少は流域内の治山事業の影響もあるでしょうが、生息環境は治山事業地に限定されない流域から山頂近くまでの広範な森林域です。減少の主な要因は高標高域まで広がる人工林とそれに関連した植生の劣化、表土流出を挙げています。このことは学習する子どもたちもサンショウウオの生態と生息環境を知ることで森林形態の大切さを理解することができます。同じように渓流に棲む魚が餌とする昆虫は七〇％以上が陸生昆虫です。子どもたちは渓流魚のお腹の中から自然環境の大切さを学び、渓畔林だけを整備しても生態系を守ることに繋がらないことを知ります。

森の学校

生きものや土、植物といった学習の他に登山もします。ハイキングのような大山や三ノ塔に登る時もあれば、バリエーションルートも歩きます。まったく道のない森の中を歩くこともあります。

森の学校では、クマだけでなく、丹沢で拾ったタヌキやテン、ハクビシンなどの糞もその中身を調べたり、糞を土に埋めて発芽した苗を育てたりしています。三年ほど育てたら山に植樹します。糞から芽吹いた実生が丹沢の森の一部として成長する一〇〇年後二〇〇年後の姿が楽しみです。

2017年　小学5年

観察をしていろいろな動物の通ったあとなどをたくさん見ました。動物のふんや足跡などを探すのも楽しかったし、見つけると嬉しかったです。さらに何の動物なのかが分かるととても嬉しかったです。それとシカを見て嬉しかったことは、山などにちゃんと生きているんだなと思いました。

ヨモギ尾根から境沢へ

散歩の途中で

オオバアサガラのレースのような花

イノシシに出会う

ブナの芽生え

丹沢自然保護基金を受けた学生たちの中から
ブナ林の思い出

永田史絵

私が学生だった20年ほど前のことです。研究室の先輩のお手伝いで東丹沢の堂平に通ううち、ブナやシナノキ、シオジなどの大木が立ち並ぶ森に、なんともいえない居心地の良さを感じるようになりました。「この森にもっと通いたい」そんな思いから、堂平のブナ林の更新を卒業論文と修士論文のテーマにしました。

堂平には、どのような木が、どこに、どんな大きさで、どのくらい生えているのか？　ギャップ（木が倒れた後にできる開けた場所）にはどのような木が育っているのか、ギャップはどのような環境（光・土壌水分）なのか、オオバアサガラの成長の速さとどのくらいの樹齢で花を咲かせて実をつけるのか？　など、丹沢自然保護協会に助成していただき、堂平のブナ林を調査しました。

調査結果から、堂平のブナ林は典型的な太平洋型ブナ林であることやギャップ更新が行われてきた可能性があることなどが分かりました。また、植生保護柵の中だけで稚樹が順調に育っていること、成長が速いオオバアサガラだけがギャップで順調に育っていることから、このままでは、生物多様性の低い森林に変わってしまう可能性もうかがえました。

4年の研究期間で、このような「堂平のブナ林」を知ることができましたが、ブナ林に通った日々はとても楽しくて、見て聞いて匂いを嗅いで、頭ではなく五感で感じたことの思い出が、今も体と心に焼き付いています。やわらかな光が差し込む新緑の森、エゾハルゼミの大合唱、懸命に立ち上がろうとする、生まれてたての子ジカ、音もなく森の中を滑空するクマタカ、大木を駆け上がる黄色い毛並みが美しいテン、甘い香りの花を木いっぱいに咲かせたシナノキの大木、ツツドリやアオバトの鳴き声、ヤマビルだらけの長靴などなど、多くの生命を育む森に“うわ～すごいっ！”といつも圧倒されました。

このような思い出の場所をくださった研究室と丹沢自然保護協会の皆様にはとても感謝しております。これからも、丹沢の自然のために、何か少しでもお手伝いができたらいいなと思っています。

2013年　高校2年

丹沢山と塔ノ岳は5年前の森の学校で行ったのと全く同じコースで、当時私は小6だったので、そんなに前だったんだと、とても驚きました。

前回は余裕がなかったので周りの風景などはあまり思い出せなかったのですが、“ブナの立ち枯れ”は何故かよく覚えていました。

5年ぶりに行ってみると、前回は枯れてしまった木がたくさんあったのに、今では枯れた木すらも少なく、笹の原っぱのようでした。枯れた木がたくさんある風景はとても違和感のあるものでしたが、笹の原っぱは初めて見た人なら違和感を覚えないかもしれないと思いました。異常な風景が異常に見えないというのはとても怖いことだと感じました。

森の学校

森の学校では塔ヶ岳や丹沢山、三ノ塔、大山など、登山にも挑戦します。もちろん「森の学校」ですから、一般登山者と比べた時、子どもたちの視点が違います。ブナの立ち枯れを写真で説明しても、子どもたちは一般的な理解に止まります。ならば現地へ行き、自分の目で見よう。山小屋に宿泊し丹沢で最も立ち枯れが進行する場所に行きました。

登山道と違い獣道を歩きます。始めは苦労する子どもたちも、滑ったり転んだり、上の子に手を取ってもらいながら徐々に歩き方のコツをつかみ、歩きに余裕が出て来ると不思議なものを見つけたり、自然の遊び道具を発掘したり…。そんな森歩きは、動物の気持ちになって色々なものが見えてきます。

2019年8月ブランコで遊ぶ

2019年10月豪雨はブランコと
周りの広場を押し流した

森の学校

二〇一九年冬の森の学校、その時、丹沢ホームに電気は流れていませんでした。十月の台風一九号が丹沢を襲い、ホーム周辺の山や県道も大きく崩れ、長い停電が続いていました。必要最小限の発電機とろうそくの生活?!

そんな森の学校初日の夕方「電気がついた！」六七日ぶりの通電でした。子どもたちが経験した電気がついた瞬間、そして自然の猛威は、子どもたちの心に刻まれ、電気がない時間は僅かでしたが、そこから学ぶことも多かったようです。

2015年　中学1年

ヤビツ峠での清掃活動です。都会じゃないんだからゴミなんて正直あまりないと思いましたが、ヤビツ峠に着いてみてびっくりしました。すごい量のゴミが散乱していたのです。いろいろな種類のゴミが落ちていました。その中に驚くべき物がありました。それはペットボトルにとじこめられて死んでしまっているモグラでした。モグラはいままでにあまり見たことが無かったので驚きました。しかも3匹も！

（注：モグラ…正確にはヒミズです）

誰かが何気なく捨てたペットボトル。子どもたちは、ゴミは景観を汚すだけでなく、結果として動物の命を奪うことを知りました。

森の学校

二〇二〇年二月、世界を震撼させた新型コロナ感染症が広がり、森の学校も「春の教室」の中止を余儀なくされました。緊急事態宣言に伴う自粛期間中、「夏の教室は絶対にやって」「夏の教室の中止はやめて」など子どもたちから手紙やメールが届きました。自粛明け、満を持しての「夏の教室」の開催。長い自粛を強いられた子どもたちは丹沢の水や空気、緑を一杯に浴びて元気いっぱい。まさに笑顔が弾ける教室でした。

次世代育成を考える時、森の学校を体験した子どもたちが、研究者や学校の先生になりたいと聞くと、楽しみであり嬉しい気持ちになります。政治家や官僚になって世の中を変えて欲しいという夢にも似た願望もあります。でも、最も期待することは、季節ごとに体で感じた自然の豊かさを心の片隅に持ち続けてもらうことです。それを今も、大人になっても、その気持ちを一人でも多くのお友達に発信してもらうことです。それが森の学校の願いです。

豊かに見える丹沢の森は生き物が繋がる豊かさで考えるとギリギリの豊かさです。もっと豊かな森にしましょう。君たちが大きくなったとき、丹沢の自然はもっと豊かになると思います。

今日の私たちのために、明日の子どもたちのために

中村道也

協会設立者であり父である二代目会長・中村芳男。

間を置いて、まさか四代目の代表を継ぐとは思ってもいませんでした。山小屋のような我が家（丹沢ホーム）の代表と違い、丹沢自然保護協会は他に団体が存在しない時代から丹沢の自然保護に取り組み、本文にもあるように、様々な地域の保護活動や開発反対運動に協力して来ました。自分にその力量があるとは思えないし、自然保護の知識も持ち合わせていません。なによりＮＧＯの代表が世襲はおかしいだろう…との思いがありました。

その背中を押してくれたのは、本文にも登場する新堀先生であり古林先生でした。会員の推薦はもちろんですが、後押しの中に行政関係者が多かったのは予想外でした。それから二五年が経ちます。

子どもの頃、伐採された杉やヒノキが尾根から谷へ架線で降ろされ、毎日のようにトラックで麓に運び出される材木に、周りの大人たちが言う「丹沢は宝の山」を実感していました。しかし、それから僅か一〇年、丹沢がちょっとおかしいぞ…と言われ始めました。

丹沢の人工林は民有林の諸戸林業以外、一斉伐採が主流になり山は草原のようになりました。

それは子どもの頃の「宝の山」とは違う、恐ろしさを持った驚きでした。

木がなくなり草原になった山に、子供の頃は丹沢で見ることがなかった「鹿」を見るようになりました。

鬱蒼とした森から草原に変わった環境で、子どもの頃に登山道で見たサルオガセを見ることがなくなりました。

標高の高い場所のブナが枯れ始めました。

自然の森は少なくなり、少し強い雨でも沢は濁流になりました。

七〇年代に入り、ヤマメやイワナの増殖に取り組みました。子どもの頃から知る諸戸林業の監督さんから「道也ちゃん、伐採して丸裸になった山（人工林）は一五年から二〇年くらい経って、お〜立派に育ったな、と思った頃が一番危ないよ（山腹崩壊）」と言われました。その予言通り、昭和四十七年（一九七二年）、丹沢は豪雨に襲われました。もちろん、記録的降雨量も原因の一つですが、森は崩れ崩壊した土砂や流木で谷は埋め尽くされました。養魚池は全面、土石流で埋まりました。そして、崩壊地の多くは、杉やヒノキの幼齢林でした。

当時の森林行政は人工林の大規模伐採、再造林に止まらず、自然の森や渓流沿いの広葉樹、蔓性植物を切り払い、更に杉やヒノキの人工林を拡大して行きました。

また、丹沢周辺の都市化と共に、農業と深い関わりのあった雑木林は農業の衰退と共に「人間の利用」と言う意味で価値がなくなり、利用放棄された一部の雑木林は宅地やゴルフ場、杉やヒノキの人工林に姿を変えました。

タヌキやキツネ、イノシシなど、それまで人間社会との境界線上で生きてきた動物たちは棲む場所を追われ、残された狭い自然の森「丹沢」に押し込められていきました。

「まえがき」に書いたように、草や木の実を食べなければ生きていけない動物たちは慢性的栄養不足となり植生に対する過食圧、根に強い毒性を持つトリカブトの葉や樹木の皮まで食べるようになりました。

空腹状態のシカや熊は山麓部の農地、果樹園、住宅の庭に出て餌をとるようになります。

人間はそれを被害と言いますが、生きるために死を背負って食を強いられる動物の姿は哀れです。

人間が丹沢へ要求するものは過大です。首都圏に位置する山として自然の豊かさを求め、都市に近い故に、登山に限らず山麓部周辺は多くの人たちの遊び場として様々な形の提供を求めます。

その一方で、木材の生産という直接的利益を求めます。さらに東京の一部を含め、九二〇万人余県民の命を支える飲み水を求めます。

1970年前後の東京多摩川河川敷

上：水に遊び生き物に触れる　下：子どもたちの遊び場は次々と失われていった

一方的な人間の要求に、丹沢が悲鳴を上げているように感じます。

私たちは口では「自然との共存」、「野生動物との共存」と言いますが、シカ問題に限っても行政や多くの学者は「数を減らせば物事が解決する」と安易な説明ばかりです。そして多くの市民は、専門家と称する人の意見になんとなく同調してしまいます。

鳥獣行政一つ見ても「減ったから保護しろ。増えたから殺せ」といった考え方がいつまで続くのでしょう。共存のための前提は人間が自然から一歩退くことから始まるのではないかと思います。自然から受ける恩恵に対し、私たちが応えるものはありませんか。

高度経済成長期やバブル期を経験した大人たちが、いまの子どもには感性がない、情緒に乏しい、などと言います。でも、その感性を養う環境を奪ったのは、実は今の私たち大人です。物の豊かさだけを求めた結果は、生活する周辺に限らず、動物が棲めない森や、汚れた川や海、星を数えることができない空になりました

丹沢は周辺を「人」の生活に囲まれ、埋め尽くされています。でも少なくなった森の中で、必死に生きようとする動物たちがいます。日本の人口の四分の一が集中する都市の近郊にありながら、クマやシカが棲み、多くの猛禽類が空を舞う丹沢の自然環境は、明日もその先も、子どもたちに引き継ぐ貴重な財産です。

本文中にありますが、一九九三年からの四年間、二〇〇三年からの三年間、市民主体による丹沢の総合調査が実施されました。市民と行政が一体となった取り組みは、問題の指摘に止まらず、解決を図るための意識共有という貴重な財産になりました。その認識を共通の理念として行政に活かすことが官民協働の成果と考えます。問題解決はもちろん、それを次の世代に繋ぐ基礎を整えるのも今を生きる私たちの責任と考えるからです。

私たち協会が主導的立場で参加し、当時の協会会長の中村芳男が初代理事長を務めた「全国自然保護連合」が

五〇年前に編集、一九七二年に発刊した「自然は泣いている」。一九七四年に発刊した「終わりなき闘い」に記載された一節を紹介します。


誰も知らなかったし、気が付いた時には遅かった。

或る日、降り始めた雨は、村ひとつ埋め去るまでやまなかった。

或る日、吹き始めた風は、街ひとつ壊しつくすまでやまなかった。

雲で覆われた空は、ますますその雲を厚くした。（以下略）

五〇年前の指摘文章は今を言い当てている。

異常気象が常態化し、それを異常と感じなくなったとき、それは今、まさに日常に起きていることだ。


人間が行う環境破壊に対し、自然は悲しんでいるのでなく怒っている。

環境破壊の結果として警告を無視する人間は自然環境から報復を受けていることを意識する必要がある。

自然環境に豊かな恩恵を求める前に、私たちがすべきことを早急に取り組むときと思う。

五〇年後一〇〇年後も、世界が世界であることを、日本が日本であることを。丹沢が丹沢であることを願いながら。

二〇二一年一〇月

あのずーっと向こうに

本上まなみ（俳優）

丹沢ホームに泊まると、川の流れが雨の音に聞こえます。明け方、布団にくるまったままぼやーっとした頭で、あれ今日雨なんだっけ、と何度思ったことだろう。

そろそろと障子を開けると、まだ日を浴びていない木々が黒々としているけれど空が少し明るくて、雨は降っていないことがわかる。そうかあれは川の音だったな、と気づくのです。

仕事のため上京して、東京で暮らした二十年ほどの間に、いったい何度丹沢を訪ねたでしょうか。いつか水のきれいなところに住む、という夢を持っている私は、大人になってから出会った丹沢の清流で遊ぶのが楽しくて嬉しくて、休日になるとよく泊まりがけで遊びに出かけたものです。迎えてくれるのはご主人の中村道也さんとご家族のみなさん。

着いてこんにちは！　とご挨拶を済ませたらまず最初に川を見にいきます。いつもと変わらぬ透き通った流れに手を浸すと冷たくて気持ちいい。空を仰ぐと自由に枝葉を伸ばした木々。その木陰を抜けてきた風はひんやりと爽やかで、思いっきり深呼吸をします。そしてもちろん水面に目をこらして、ヤマメ、イワナ、ニジマスがいないかも確認。びゅっと勢いよく遡っていくような魚影が見えたらどきん！

フライフィッシングで半日川を歩いて、心地よい疲れを感じながら夕暮れ、天井の高い気持ちのよい食堂で、あるいは大階段の前にある暖炉の前で中村さんから丹沢の山の話を聞きます。ヤマネやムササビ、シカと、森の学校にやってくる元気でかわいい子どもたちのこと。森を守るための活動でうまくいっていること、なかなか話が進んでいないことなども。

新緑に包まれた布川

丹沢の内側にいて長年に亘り山を見てこられた中村さんのお話は、私にとって他では聞けない特別なもので、いつも身を乗り出すようにして聞いています。

河川の堰堤に、魚が遡れる魚道を作るように、森の生きものが山々を自由に行き来できるような、緑の回廊というものを作ろうという計画がある、ということを最初に教えてくださったのも中村さんでした。

緑地帯を守っていくことと、それらを繋げていくこと。十人、百人、千人が良いね、やろうやろうと言い始めたら何かが起こりそう。なんてわくわくする計画なんだろうと思ったものです。

頭のなかに大きいのから小さいのまで様々な種類の生きものたちが思い思いの方向へ冒険をするようすが浮かびました。

根っこの部分が永遠の小学生である私は、こういう話を耳にするとたちまち脳内で自分だけの物語が動き出すのです。モモンガがムササビに出会ってタンデム飛行するとか、イノシシの背中につかまったノミの一家が海を見に行くとか、ウサギの姉弟が迷子の子ダヌキのお母さん捜しをするとか、嘘つきのキツツキと親切なキツツキ、見た目がそっくりの双子が代わる代わる出てきてややこしいことになるっていうのはどうかなあ。

木々に囲まれ、川の流れに足を浸し、鳥のさえずりを聞き、シカの足跡や、ひっそり生えたキノコや苔の上を歩く虫を見ていると、すっかり時間を忘れてしまいます。目の前のものに心を寄せる。森の中のどこかにいるはずの生きものたちの気配を感じる。自分で見つけるのが楽しいし、気づくのが嬉しいんですよね。そういうささやかな自分の体験と、私の森の先生である中村さんのお話が身体の中でかちっと組み合わさったとき、丹沢という山とまた少し仲良くなれたような気がするのです。

子どもが生まれ、京都へと移り住んだ今、丹沢からは遠くなってしまいましたが、それでも頭のなかにはあの清流と、ふかふかの落ち葉、春のミツマタの花いっぱいの景色がいつもあります。私のいる街の東側に連なる比叡山～大文字山の稜線を見ながら、あのずーっと向こうに丹沢があるなあと考えます。

そうだ昔、中村さんたちと植えたブナの木は大きくなっているかしら。根を広げ、幹を太らせ、葉を豊かに茂らせているかな。

コロナが落ち着いて穏やかな日々が戻ってきたら、また丹沢ホームに遊びにいこう。お魚釣って、山を歩こうねと、子どもたちと話しています。

ひょっこり姿を見せたカモシカ

丹沢自然保護協会　活動のあゆみ

西 暦	活 動 内 容
１９６０年	丹沢の自然を守る会設立 （丹沢山塊が「県立丹沢大山自然公園」に指定される）
１９６１年	（神奈川県のシカ猟 1970 年まで全面禁猟となる）
１９６５年	（丹沢山塊が「丹沢大山国定公園」に指定される）
１９６８年	丹沢自然保護協会設立（名称変更） 初代会長に甘利正氏就任（県議、後に衆議院議員）
１９７１年	全国自然保護連合の設立推進、設立準備会議及び設立総会を丹沢ホームで開催 第１回全国自然保護連合総会を箱根湯元：観光協会会館で開催
１９７２年	第１回「森の学校」開催 子ども達で登山道の清掃活動実施 大倉花立尾根ロープウエイ架設計画に反対：事業の実質的中止
１９７３年	2 代目会長に中村芳男氏就任 山のゴミ問題に取り組む・ゴミの持ち帰り運動実施
１９７４年	ゴミ持ち帰り運動を重点活動に推進…登山者にゴミ袋の配布・登山道の清掃活動などを実施 唐沢林道建設で県と協議：年度前の工事計画の提出。前年度の工事状況などを県と検証する
１９７７年	東京電力の高圧送電線（奥多摩新線）建設反対運動：送電線ルートの変更、鉄塔高の変更、鉄塔、絶縁碍子等の着色などを東電と協議、要請し了承された
１９７８年	丹沢大山地区ゴミ持ち帰り運動推進協議会発足 当協会の運動を神奈川県に移管
１９８４年	県に要望書提出…1983 年秋から 84 年春までの大雪の影響で、シカ個体数が減少したことなどを踏まえ、シカ猟解禁の再検討について
１９８５年	県に要望書提出…シカ猟解禁の再検討について
１９８６年	県に要望書提出…丹沢のシカ保護に関する要望
１９８７年	密猟防止キャンペーンでシカのくくりわな探し…ユーシン地区で 3 回合計 259 個のくくりわな発見し撤去した 丹沢山地のシカ保護に関する要望書を平塚営林署長に提出する… 神奈川県に対し丹沢山地のシカ保護に関する要望書を再提出する… ゴミ持ち帰り運動で神奈川県環境保全功労者湘南地区行政センター所長表彰受ける

１９８８年	文化庁、環境庁、林野庁各長官に要望書提出…ニホンカモシカ保護について 神奈川県教育委員会に要望書提出：ニホンかモシカ保護について 県に要望書提出…林道工事の手法等について 県に要望書提出…猟期以外の猟犬の訓練について
１９９０年	2代目会長中村芳男氏逝去、青砥氏会長代行に 県に要望書提出…丹沢大山国定公園の学術調査の実施について
１９９１年	県に要望書提出…丹沢大山学術調査詳細
１９９２年	3代目会長に青砥航次氏就任 小川谷林道建設に反対表明 県に要望書提出…傷病鳥獣保護と野生動物の管理について 県に要望書提出…小川谷周辺の治山工事及び保安林管理道計画の提示 自然保護活動の功労で県知事表彰を受ける
１９９３年	丹沢大山自然環境総合調査始まる 「日本列島コリドー構想研究会」発足 （会長に京都大学理学部教授・河野昭一）
１９９４年	県に要望書提出…オオタカをはじめとする野性動植物の保護について（246号バイパスと「オオタカ」問題について）
１９９５年	県に要望書提出…仲ノ沢（小川谷）保安林管理道工事について県に要望書を再提出 第10回：ククリワナ外しキャンペーン実施（通算600から700本のワナを外した）
１９９６年	4代目会長に中村道也氏就任 県に要望書提出…保全センター設置要望 県に要望書提出…丹沢の森林整備について 林野庁・環境庁に要望書提出…遺伝子を基本としたコリドー設置の必要性 小川谷保安林管理道路工事休止（実質上中止） 東京農業大学百周年記念講堂において、全国コリドー（緑の回廊）フォーラムを開催（参加者800名）
１９９７年	丹沢大山自然環境総合調査終了 かながわ地球環境賞受賞 前年に引き続き、第2回コリドーフォーラムを開催（参加者800名） 東京営林局にコリドー設置を前提に要望書提出…世附国有林の稜線部を鳥獣保護区指定への要望 布川流域に沿って、札掛橋から一ノ沢考証林への道路建設に反対。翌年中止。代替え事業として約300メートルの歩道を整備

１９９７年 ～ ２０００年	丹沢・箱根・伊豆・富士山・山梨の一部で遺伝子調査実施（地球環境基金助成事業）
１９９８年	丹沢の自然の保全とコリドー構想の実現に向けて、市民による第1回植樹活動の実施 5月24日　大倉尾根花立て周辺　参加者280名
１９９９年	県に要望書提出…丹沢・大山保全計画について要望 ・森林の一体管理の為、行政関係機関を統合し、総合的管理組織として、丹沢大山管理センターおよび生態系保全センターの設置 ・丹沢大山保全委員会の設置 コリドー活動の一環として、遺伝子を基本に地域産苗の植樹活動を継続実施 神奈川県林務課および土地所有者（諸戸林業）の協力を得、植栽場所を三の塔山頂周辺治山施工跡地に固定し、ヨモギ尾根側の斜面から行う。春秋の2回実施
２０００年	県に要望書提出…緑行政の実効を高める関連機関の再編 県に要望書提出…丹沢大山自然環境保全について ・エコシステムマネジメントに立脚した保全事業の早期実施 ・自然環境保全のための人材育成 ・保全対策実施に向け、受益者負担の原則に基づいた新税設置も含めた財源の確保
２００２年	丹沢フォーラム提言…シカ生息環境の保全を県に要望書提出 ・丹沢大山学術総合調査の再実施 植樹地を三の塔山頂直下の斜面に移し継続実施していく
２００３年	県に要望書提出…丹沢大山自然環境保全について
２００４年	特定非営利活動法人丹沢自然保護協会設立（法人化、名称変更） 初代理事長に中村道也氏就任 厚木市の大山山頂へのロープウエイ計画に反対の要望書を提出 神奈川県から県民功労者表彰を受ける 植樹活動を丹沢の緑を育む集いとの共催として継続時実施（官民協働活動）
２００５年	県に要望書提出…神奈川県に自然環境保全センターの機能強化および自然環境保全事業に関わる外部評価委員会の設置検討
２００７年	三の塔山頂周辺の植樹完了、隣接地に活動の場を移す
２０１０年	県に要望書提出…水源林に於ける森林管理手法について 県に意見書提出…シカ管理に対する意見 中村理事長、環境大臣表彰を受ける

２０１３年	県に要望書提出…水源林に於ける森林管理手法について要望 県に要望書提出…林道整備、改修に対する手法の見直し、検討を要望
２０１５年	高標高域での植樹活動終了、次年度から中標高域での植樹活動に移行
２０１６年	丹沢を歩く行事再開
２０１７年	中村理事長　秋の褒章で「緑綬褒章」授与
２０１８年	県に要望書提出… １）水源税継続の為に事業内容の見直しと予算使途の見直し ２）企画部研究連携課へ野生動物専門研究職員の配置 ３）公園行政を円滑に進めるため専門的知見を有する土木職部長の再配置 「丹沢に咲く花」発刊 「秋の植樹」で植樹実施回数 40 回 「永世会員」制度の新設
２０１９年	台風 19 号の災害により県道札掛～宮ケ瀬間通行止め 菩提峠駐車場までの道が台風 19 号災害のため通行止めとなり「秋の植樹」中止 丹沢ホーム 12 月 27 日まで停電 自然再生委員会が設置当初の目的から乖離していると判断 参加を休止する
２０２０年	コロナ感染拡大対策の緊急事態宣言及び県からの自粛要請により活動自粛 自粛要請の外れた夏から秋にかけての行事のみ実施
２０２１年	神奈川県に申し入れ：県民合意で制度発足した超過課税、水源環境税に関し、県民に説明なく県の意向のみで使途変更した理由を求める

NPO 法人丹沢自然保護協会

https://www.tanzawa-shizenhogo-kyoukai.org/

E-mail:n-tanzawa@nifty.com

〒257-0061　秦野局区内丹沢山札掛　丹沢ホーム　TEL：0463-75-3272

空に鳥　森にけもの　川に魚を

編集・構成（レイアウト）協力　永田史絵　白鳥文
表紙&帯イラスト　山崎早織
腰帯裏（ブナ実生イラスト）　hiroki
ライター　井上理江　本郷明美
企画サポート　夢工房

この本を手にした方、ぜひ会員になって丹沢を支えてください！

60年記念誌を考えたとき、ふつう50年が節目ですよね…と言われました。忙しさにかまけて気が付いたら60年が目の前でした。協会としての活動の歴史を残したい…との思いから60年記念誌としました。さらに今回は、丹沢の歴史は丹沢からと考え、出版社も丹沢の麓、秦野市内の出版社に依頼しました。

しかし、出版社が全てを段取りする、これまでの本とまるで勝手が違います。昨年の3月までにはと考えていた記念誌の発刊はずれ込みました。そのお陰で新たな文章を追記できたり、逆に話を聞きたかった会員が亡くなったことは残念でした。

本文中にあるように、協会の活動は多くの方々に支えられ継続しています。会員はもとより、行政機関や関係者、林業団体や関係者、建設業…等々。お昼ご飯に立ち寄った方が、ヤビツ峠売店でジュースを1本飲んで、「がんばれよ」と1万円を置いていきました。「会員になってよ」と言うと「俺が会員になったらおかしいだろう～」と言います。あるいは少し高いところに置いてある募金箱に背伸びして10円玉を募金する子がいます。丹沢には会員、非会員問わず応援団がたくさんいます。一冊にまとめられないほどに勿体ないエピソードがたくさんあります。

この本に書いてない文章の後ろを想像しながら、アナタも丹沢を守る一員になりませんか。植樹活動や丹沢フォーラムに見るように、一人の手が大きな成果に繋がります。森の学校のように、元気で明るい子どもを育てることに繋がります。

夢と期待が少しでも明日に繋がるように。明日が良い日であるように。

2021年10月23日　丹沢自然保護協会　理事長　中村道也

空に鳥　森にけもの　川に魚を
NPO 法人丹沢自然保護協会 61 年のあゆみ

定価　本体価格 2700円＋税

2021 年 10 月 23 日　初版発行

企画・編集　NPO 法人丹沢自然保護協会©

制作・発行　夢工房

〒257-0028　神奈川県秦野市東田原 200-49
TEL（0463）82-7652　FAX（0463）83-7355
http://www.yumekoubou-t.com
2021 Printed in Japan

ISBN978-4-86158-099-4　C0021 ¥　2700E